高等学校数字媒体专业规划教材

Photoshop CC
图像处理案例教程

张海波　编著

U0378224

清华大学出版社
北京

内 容 简 介

　　Photoshop 作为专业的图像处理设计软件,如今已经应用到各行各业,认真学习本书能够达到专业处理图像的水准,为将来的工作带来事半功倍的效果。本书详细地介绍了 Photoshop 在图像处理、特效应用、广告设计等应用方面的主要功能和技巧。

　　全书共分为 10 章。第 1~9 章为 Photoshop 的软件知识,在介绍软件知识时以大量实例操作进行讲解,并在实例结尾处对命令功能的主要参数进行详细介绍,让读者在轻松的学习中快速掌握软件的技巧,同时对软件知识达到学以致用的目的。第 10 章主要讲解 Photoshop 在报刊广告设计、户外广告设计、海报设计和 DM 宣传单设计领域的综合应用。本书虽然以最新版本 Photoshop CC 进行讲解,但是其中的知识点和操作同样适用于 Photoshop CS4、Photoshop CS5、Photoshop CS6 等多个早期版本。

　　本书内容翔实,结构清晰,讲解简洁流畅,实例丰富精美,适合 Photoshop 初、中级读者学习使用,也适合作为相关院校平面设计、包装设计、服装设计等专业的学习参考书。

　　可到指定网站下载与本书对应的视频教程、实例源文件和素材。

图书在版编目(CIP)数据

Photoshop CC 图像处理案例教程/张海波编著. —北京:清华大学出版社,2016(2022.7重印)
高等学校数字媒体专业规划教材
ISBN 978-7-302-43564-8

Ⅰ.①P… Ⅱ.①张… Ⅲ.①图像处理软件-高等学校-教材 Ⅳ.①TP391.41

中国版本图书馆 CIP 数据核字(2016)第 081943 号

责任编辑:张　玥　赵晓宁
封面设计:常雪影
责任校对:白　蕾
责任印制:朱雨萌

出版发行:清华大学出版社
　　　　　网　　　址:http://www.tup.com.cn,http://www.wqbook.com
　　　　　地　　　址:北京清华大学学研大厦 A 座　　　　　邮　　编:100084
　　　　　社 总 机:010-83470000　　　　　　　　　　　邮　　购:010-62786544
　　　　　投稿与读者服务:010-62776969,c-service@tup.tsinghua.edu.cn
　　　　　质量反馈:010-62772015,zhiliang@tup.tsinghua.edu.cn
　　　　　课件下载:http://www.tup.com.cn,010-83470236
印　刷　者:北京富博印刷有限公司
装　订　者:北京市密云县京文制本装订厂
经　　销:全国新华书店
开　　本:185mm×260mm　　印　　张:20.25　　字　　数:481 千字
版　　次:2016 年 7 月第 1 版　　　　　　　　印　　次:2022 年 7 月第 9 次印刷
定　　价:69.80元

产品编号:066116-02

前言

　　Photoshop是目前最流行的图像处理和广告设计软件,其功能强大,使用方便。Photoshop凭借其智能化、直观生动的界面及高速强大的图像处理能力,在图像处理和广告设计领域中的应用极为广泛。

　　本书定位于Photoshop的初、中级读者,为了让读者更快、更有效地掌握Photoshop的主要工具和命令的使用方法,本书对软件中实用性不强的功能略过或一笔带过,重点对软件在设计工作中常用、实用的功能进行详细的讲解,以"全面掌握软件功能＋典型设计应用案例"的学习方式,让读者在快速掌握切实所需的知识后,通过符合行业标准的设计应用实例创作训练,逐步掌握具有专业图像处理的实用技能。

　　全书共计10章,可分为8个部分,具体内容如下。

　　第1部分(第1章)　主要讲解Photoshop的基础知识和界面设置等。

　　第2部分(第2～3章)　主要讲解运用Photoshop中选区的创建与编辑,以及绘制图像和修饰图像。

　　第3部分(第4章)　主要讲解图像色彩的调整,以及调整特殊图像颜色等。

　　第4部分(第5章)　主要讲解路径的绘制和编辑,以及文本的应用等。

　　第5部分(第6～7章)　主要讲解通道与蒙版的编辑方法,以及图层的各种应用等。

　　第6部分(第8章)　主要讲解Photoshop中各种滤镜命令的操作方法和作用等。

　　第7部分(第9章)　主要讲解图像的批处理方法和图像输出等。

　　第8部分(第10章)　详细讲解如何灵活运用所学知识完成各类平面设计的综合实例。

　　本书内容丰富、案例翔实、结构清晰、图文并茂、通俗易懂,适合以下读者学习使用:

　　(1) 从事初、中级Photoshop图像处理的工作人员。

　　(2) 从事广告设计、包装设计、影楼修图和后期处理的工作人员。

　　(3) 在电脑培训班中学习Photoshop图像设计的学员。

　　(4) 高等院校相关专业的学生。

　　本书是集体智慧的结晶,部分设计实例由在广告公司任职的专业设计人员创作,参与本书编写工作的包括李从延、张军、何周元、王爱群、谭能、瞿代碧、高嘉阳、林庆华、张华曦、董熠君、黄贤淑、田华、曾志平、杨清华、尹默、刘冰、黄洁、戴林伶、高红川、黄旭、王斌等人。在编写本书的过程中参考了相关文献,在此向这些文献的作者表示感谢。

　　可到清华大学出版社网站下载与本书对应的视频教程、实例源文件和素材。

编　者

2016 年 4 月

目录

第 1 章　Photoshop 基础知识

■ **学习目标**

　　Photoshop 是一款非常优秀的图像处理软件,是平面设计、建筑装修设计及网页设计的必用软件。本章介绍 Photoshop 的一些相关图像概念知识、工作界面的构成、图像文件的基本操作、图像的缩放与查看,以及颜色的设置与填充等知识,为后期的学习打下良好的基础。

■ **重点内容**

- 图像处理基础知识;
- 熟悉 Photoshop CC 的工作环境;
- 图像文件的基本操作;
- 图像的缩放与查看;
- 颜色选择与填充。

■ **案例效果**

1.1 图像处理基础知识

Photoshop 是现今最为强大的图像处理软件,在学习 Photoshop 之前,除了需要掌握软件的基本操作外,还应该对图像的基本概念有一定的认识和了解。

1.1.1 位图和矢量图

计算机中的图形图像分为位图和矢量图两种类型,理解它们的概念和区别将有助于更好地学习和使用 Photoshop,例如矢量图适合于插图,但聚焦和灯光的质量很难在一幅矢量图像中获得;而位图图像则更能够将灯光、透明度和深度的质量等逼真地表现出来。

1. 位图

位图也称为点阵图或像素图,由像素构成,如果将此类图像放大到一定程度,就会发现它是由一个个像素组成的。位图图像质量由分辨率决定,单位面积内的像素越多,分辨率越高,图像的效果就越好。

用于制作多媒体光盘的图像分辨率通常设置为 72 像素/英寸就可以了,而用于彩色印刷品的图像则需要设置为 300 像素/英寸左右,印出的图像才不会缺少平滑的颜色过渡。

2. 矢量图

所谓矢量图是由诸如 Adobe Illustrator、Macromedia Freehand、CorelDraw 等一系列的图形软件产生的,它由一些用于数学方式描述的曲线组成,其基本组成单元是锚点和路径。无论放大或缩小多少位,它的边缘都是平滑的,尤其适用于制作企业标志,这些标志无论用于商业信纸还是招贴广告,只用一个电子文件就能满足要求,可随时缩放,而效果一样清晰。

1.1.2 像素和分辨率

Photoshop 的图像是基于位图格式的,而位图图像的基本单位是像素,因此在创建位图图像时需要为其指定分辨率大小。图像的像素与分辨率均能体现图像的清晰度,下面分别介绍像素和分辨率的概念。

1. 像素

像素由英文单词 pixel 翻译而来,它是构成位图图像的最小单位,是位图中的一个小方格。如果将一幅位图看成是由无数个点组成的,每个点就是一个像素。同样大小的一幅图像,像素越多图像越清晰,效果越逼真。图 1-1 所示为 100% 显示的图像,当将其放大显示到足够大的比例时就可以看见构成图像的设计方格状像素,如图 1-2 所示。

2. 分辨率

分辨率是指单位长度上的像素数目。单位长度上像素越多,分辨率越高,图像就越清晰,所需的存储空间也就越大。分辨率可分为图像分辨率、打印分辨率、屏幕分辨率等。

图 1-1　100% 显示的图像　　　　　　　　图 1-2　放大显示像素

- 图像分辨率。图像分辨率用于确定图像的像素数目,其单位有"像素/英寸"和"像素/厘米"。如一幅图像的分辨率为 300 像素/英寸,表示该图像中每英寸包含 300 个像素。
- 打印分辨率。打印分辨率又称为输出分辨率,指绘图仪、激光打印机等输出设备在输出图像时每英寸所产生的油墨点数。如果使用与打印机输出分辨率成正比的图像分辨率,就能产生较好的输出效果。
- 屏幕分辨率。屏幕分辨率是指显示器上每单位长度显示的像素或点的数目,单位为"点/英寸"。如 80 点/英寸表示显示器上每英寸包含 80 个点。普通显示器的典型分辨率约为 96 点/英寸,苹果牌显示器的典型分辨率约为 72 点/英寸。

1.1.3　图像文件格式

图像文件分为多种格式,在 Photoshop 中常用的包括 PSD、JPEG、TIFF、GIF、BMP 等格式图像文件。用户选择"文件"→"打开"或"文件"→"存储为"命令后,打开对应的对话框,在"文件类型"下拉列表中可以选择所需要的文件格式,如图 1-3 所示。

- PSD(＊.PSD)、PDD 格式:这两种图像文件格式是 Photoshop 专用的图形文件格式,它有其他文件格式所不能包含的图层、通道等专用信息,也是唯一能支持全部图像色彩模式的格式。但是,以 PSD、PDD 格式保存的图像文件也会比其他格式保存的图像文件占用更多的磁盘空间。
- BMP(＊.BMP;＊.RLE)格式:BMP 图像文件格式是一种标准的点阵式图像文件格式,支持 RGB、灰度和位图色彩模式,但不支持 Alpha 通道。
- GIF(＊.EPS)格式:GIF 图像文件格式是 CompuServe 提供的一种文件格式,将此格式进行 LZW 压缩,此图像文件就会只占用较少的磁盘空间。GIF 格式支持 BMP、灰度和索引颜色等色彩模式,但不支持 Alpha 通道。
- EPS(＊.EPS)格式:EPS 图像文件格式是一种 PostScript 格式,常用于绘图和排版。此格式支持 Photoshop 中所有的色彩模式,在 BMP 模式中能支持透明,但不支持 Alhpa 通道。
- JPEG(＊.JPG;＊.JPEG;＊.JPE)格式:JPEG 图像文件格式主要用于图像预览及超文本文档。要将图像文件变得较小,所以将 JPEG 格式保存的图像经过高倍

图 1-3 所有文件格式

率的压缩后,将会丢失部分不易察觉的数据,因此在印刷时不宜使用此格式。此格式支持 RGB、CMYK 等色彩模式。

- PDF(∗.PDF；∗.PDP)格式:PDF 图像文件格式是 Adobe 公司用于 Windows、MacOS、UNIX(R)和 DOS 系统的一种电子出版软件,并支持 JPEG 和 ZIP 压缩。
- PICT(∗.PCT；∗.PICT)格式:PICT 图像文件格式广泛用于 Macintosh 图形和页面排版程序中。此格式支持带一个 Alpha 通道的 RGB 色彩模式和不带 Alpha 通道的 Indexed Color 等色彩模式。
- PNG(∗.PNG)格式:作为 GIF 的免专利替代品开发的 PNG 格式常用于在 World Wide Web 上无损压缩和显示图像。与 GIF 不同的是,PNG 支持 24 位图像,产生的透明背景没有锯齿边缘。此格式支持带一个 Alpha 通道的 RGB、Grayscale 色彩模式和不带 Alpha 通道的 RGB、Grayscale 色彩模式。
- TIFF(∗.TIF；∗.TIFF)格式:TIFF 图像文件格式可以在许多图像软件之间进行数据交换,其应用相当广泛,大部分扫描仪都输出 TIFF 格式的图像文件。此格式支持 RGB、CMYK、Lab、Indexed、Color、BMP、Grayscale 等色彩模式,在 RGB、CMYK 等模式中支持 Alpha 通道的使用。

1.1.4 图像色彩模式

常用的色彩模式有 RGB(红、绿、蓝)模式、CMYK(青、洋红、黄、黑)模式、HSB(色相、饱和度、亮度)模式、Lab 模式,灰度模式、索引模式、位图模式、双色调模式、多通道模式等。

　　色彩模式除了确定图像中能显示的颜色数之外,还影响图像通道数和文件大小,每个图像具有一个或多个通道,每个通道都存放着图像中颜色元素的信息。图像中默认的颜色通道数取决于其色彩模式。例如,CMYK 图像至少有 4 个通道,分别代表青、洋红、黄和黑色信息。

1. RGB 模式

　　该模式由红、绿和蓝三种颜色按照不同的比例混合而成,也称为真彩色模式,是最为常见的一种色彩模式。在"颜色"和"通道"面板中显示的颜色和通道信息如图 1-4 所示。

图 1-4　RGB 模式对应的"颜色"和"通道"面板

2. CMYK 模式

　　CMYK 模式是印刷时使用的一种颜色模式,由 Cyan(青)、Magenta(洋红)、Yellow(黄)和 Black(黑)4 种色彩组成。为了避免和 RGB 三基色中的 Blue(蓝色)发生混淆,其中的黑色用 K 来表示。在"颜色"和"通道"面板中显示的颜色和通道信息如图 1-5 所示。

图 1-5　CMYK 模式对应的"颜色"和"通道"面板

3. HSB 模式

　　HSB 模式是基于人眼对色彩的观察来定义的,所有的颜色都是由色相、饱和度和亮度来描述。色相是指颜色的主波长的属性,不同波长的可见光具有不同的颜色,众多波长的光以不同的比例混合可以产生不同的颜色。饱和度表示色彩的纯度,即色相中灰色成分所占的比例,黑、白和其他灰色色彩没有饱和度。在最大饱和度时,每一色相具有最纯的色光。亮度是色彩的明亮度,数值为 0% 时表示黑色,100% 时表示白色,范围为 0%～100%。

4. Lab 模式

　　Lab 模式是国际照明委员会发布的一种色彩模式,由 RGB 三基色转换而来。其中 L 表示图像的亮度,取值范围为 0～100;a 表示由绿色到红色的光谱变化,取值范围为 -120～120;b 表示由蓝色到黄色的光谱变化,取值范围和 a 分量相同。在"颜色"和"通道"面板中显示的颜色和通道信息如图 1-6 所示。

图 1-6 Lab 模式对应的"颜色"和"通道"面板

技巧提示：

用户可以根据不同的需要采用不同的色彩模式。例如，不需要进行打印或印刷的图像通常采用 RGB 模式。如果是用于印刷的设计稿，则需要设置 CMYK 模式来设计图像。

1.2 熟悉 Photoshop CC 的工作环境

要使用 Photoshop 软件，首先要启动该软件才能对图像进行处理，处理完成后还需要将软件退出，以免影响计算机运行的速度。下面详细介绍启动和退出 Photoshop 软件。

1.2.1 启动和退出 Photoshop CC

要使用 Photoshop 进行图像处理，首先需要启动该应用程序，完成图像的处理后再将应用程序退出，以免影响计算机运行的速度。下面以 Photoshop CC 为例讲解启动和退出 Photoshop 应用程序的具体操作。

1. 启动 Photoshop

在程序安装好以后，可以通过以下三种方法来启动 Photoshop CC。

（1）双击桌面上 Photoshop CC 的快捷方式图标 **Ps**，如图 1-7 所示，即可启动 Photoshop CC。

（2）选择"开始"→"所有程序"→Adobe→Adobe Photoshop CC 命令即可启动 Photoshop CC 应用程序，如图 1-8 所示。

（3）当 Photoshop 自带的文件格式是 psd 格式时，用户可以在资源管理器中双击 psd 文档，打开 Photoshop 应用程序并开启该文档，如图 1-9 所示。

2. 退出 Photoshop

使用 Photoshop CC 程序处理完图像后，应先关闭所有打开的图像文件窗口才能退出该程序。单击工作界面标题栏右侧的"关闭"按钮 **X**；选择"文件"→"退出"命令或按 Ctrl＋Q 键；按 Alt＋F4 键都可以退出软件。

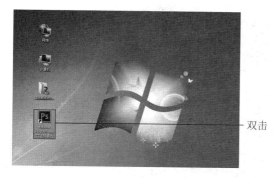

图 1-7　双击 Photoshop 图标

图 1-8　选择应用程序

图 1-9　双击扩展名为 .psd 的文件打开软件

1.2.2　Photoshop CC 的工作界面

使用菜单命令启动 Photoshop CC 后便可进入 Photoshop CC 的工作界面，打开一幅素材图像即可看到工作界面中包含标题栏、菜单栏、工具箱、工具属性栏、面板、图像窗口和状态栏等内容，如图 1-10 所示。

1. 标题栏

标题栏位于 Photoshop CC 界面的顶端左侧，主要用于显示软件名称，在 Photoshop CC 中显示为 PS 字样。其右侧的 ▬ 、▢ 和 ✕ 按钮分别用来最小化、还原和关闭工作界面。

2. 菜单栏

菜单栏中包含了 Photoshop CC 中的所有命令，由文件、编辑、图像、图层、文字、选择、滤镜、视图、窗口和帮助菜单组成，在每个菜单项中都内置了多个菜单命令，用户可以通过这些命令对图像进行各种编辑处理，如图 1-11 所示。有的菜单命令右侧还有一个 ▶ 符号，表示该菜单命令下还有子菜单，选择该命令即可自动显示其子菜单，如图 1-12 所示。

菜单栏 —— 工具属性栏
工具箱 —— 面板
图像窗口 ——
状态栏 ——

图 1-10　工作界面

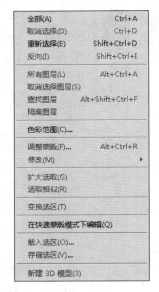

图 1-11　菜单

图 1-12　子菜单

3．工具属性栏

Photoshop 的大部分工具的属性设置显示在属性栏中，它位于菜单栏的下方。在工具箱中选择不同工具后，工具属性栏也会随着当前工具的改变而变化，用户可以很方便地利用它来设定该工具的各种属性。在工具箱中分别选择魔棒工具 和裁剪工具 后，工具属性栏分别显示图 1-13 和图 1-14 所示的参数控制选项。

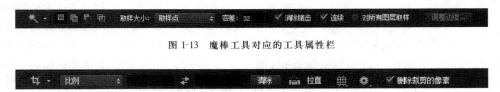

图 1-13　魔棒工具对应的工具属性栏

图 1-14　裁剪工具对应的工具属性栏

4．工具箱

打开 Photoshop CC 工作界面后，可以看到工具箱位于窗口左侧。工具箱是工作界面中最重要的面板，通过其中的工具几乎可以完成图像处理过程中的所有操作。用户可以将鼠标移动到工具箱顶部，按住鼠标左键不放，将其拖动到图像工作界面的任意位置。

在工具箱顶部有一个折叠按钮 ，单击该按钮可以将工具箱中的工具以紧凑形式排列，如图 1-15 所示。

部分工具按钮右下角带有黑色小三角形标记 ，表示这是一个工具组，其中隐藏多个子工具。单击该工具，并按住鼠标左键不放，将会弹出其子工具。将鼠标指向工具箱中的工具按钮停留片刻，会出现一个工具名称的注释，注释括号中的字母即是对应此工具的快捷键，如图 1-16 所示。

图 1-15　收缩后的工具箱

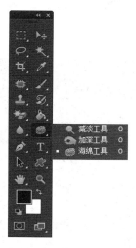

图 1-16　展开工具组

5．图像窗口

图像窗口具有显示图像文件、编辑或处理图像的功能，是对图像进行浏览和编辑操作的主要场所。在图像窗口的上方是图像文件的标题栏，标题栏中可以显示当前文件的名称、格式、显示比例、色彩模式、所属通道和图层状态。如果该文件未被存储过，那么标题栏以"未标题"加上连续的数字作为文件的名称，如图 1-17 所示。

6．状态栏

状态栏位于图像窗口底部，显示图像相关信息。最左端显示当前图像窗口的显示比例，在其中输入数值后按 Enter 键可以改变图像的显示比例，中间显示当前图像文件的大小。

7．面板组

在 Photoshop CC 中，面板是非常重要的一个组成部分，用户可以在面板中进行选择颜色、编辑图层、新建通道、编辑路径和撤销编辑等操作。选择"窗口"→"工作区"命令，可以选择需要打开的面板，打开后面板都依附在工作界面右侧，如图 1-18 所示。单击面板右上方的两个三角形按钮，可以将面板缩为精美的图标，使用时可以直接选择所需面板按钮即可弹出面板，如图 1-19 所示。

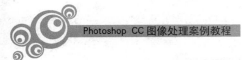

图 1-17　图像窗口

图 1-18　展开的面板

图 1-19　收缩的面板

　　面板组是可以拆分的，只需在某一面板上按住鼠标左键不放，然后将其拖动至工作界面的空白处释放即可。图 1-20 所示为将"图层"面板组中的三个子面板拆分后的效果。

技巧提示：

　　可以将面板组重新组合，并且在组合过程中可以将面板项按任意次序放置，也可将不同面板组中的面板项进行组合，以生成新的面板组。

1.2.3　Photoshop CC 的系统设置与优化调整

　　在 Photoshop CC 中可以对系统进行优化设置，可以设置界面和辅助线的颜色，还可

图1-20　"图层"面板组

以对光标、标尺等进行设置，通过这些设置能够帮助用户更加方便快捷地操作软件。下面介绍一些系统常用的设置。

1. 常规设置

选择"编辑"→"首选项"→"常规"命令，打开"首选项"对话框，如图 1-21 所示。在该对话框中设置"常规"选项，可以控制剪贴板信息的保持、颜色滑块的显示、颜色拾取器的类型等。

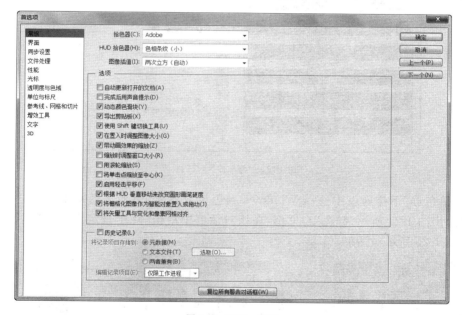

图1-21　预置—常规

（1）拾色器

在"拾色器"下拉列表中有两个选项：Windows 和 Adobe。与 Windows 颜色拾色器相比，Adobe 颜色拾取器就相当复杂了。在 Adobe 颜色拾取器中可根据 4 种不同的色彩模式来拾取颜色。在设置时一般选取 Adobe 选项。

在"拾色器"下拉列表中选择 Adobe 颜色拾取器后，单击工具箱中的前景或背景色块将弹出图 1-22 所示"拾色器"对话框，在该对话框中单击"颜色库"按钮，系统将打开"颜色库"对话框，如图 1-23 所示。

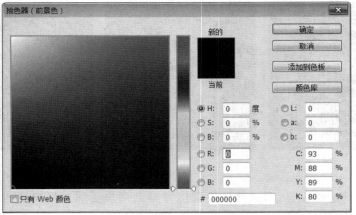

图 1-22　"拾色器"对话框

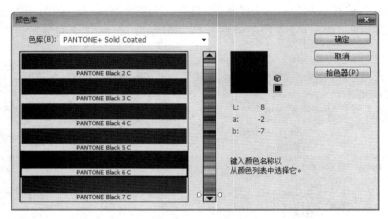

图 1-23　"颜色库"对话框

在"拾色器"下拉列表中选择 Windows 颜色拾取器后,单击工具箱中的前景或背景色块将弹出图 1-24 所示"颜色"对话框,在该对话框中单击"规定自定义颜色"按钮,系统将弹出图 1-25 所示对话框。

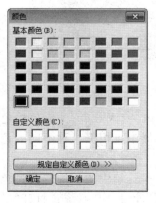

图 1-24　"颜色"对话框

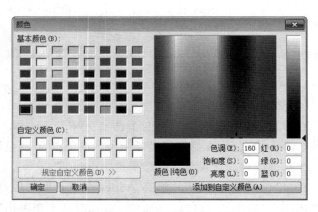

图 1-25　"颜色—规定自定义颜色"对话框

（2）图像插值

在运用图像大小或图像变换命令改变图像的大小时，Photoshop CC 根据设定的插值方法生成或删除像素。在"图像插值"下拉列表中有 6 个选项，如图 1-26 所示。

图 1-26　插值选项

其中，"邻近（保留硬边缘）"选项会使修改后的选区呈现锯齿形边缘，因此它的质量相当低。"两次线性"选项无论从质量还是运算速度来说都比邻近选项强，但它还不是最完美的像素分配方式。而"两次立方（适用于平滑渐变）"选项无论从美学欣赏还是精确度来说都是完美无缺的。虽然其运算速度较慢，但色调变化最均匀。因此，在对插值方法进行设置时一般选择"两次立方（适用于平滑渐变）"选项。

（3）选项和历史记录

在"选项"区域中有 14 个复选框，选择相应的选项可以让操作更加快捷方便。

"历史记录"选项用于设置撤销操作的步骤。在"历史记录状态"复选框右侧有历史记录状态框，在此框中可设置历史记录的操作步骤，其范围在 1～100 之间。

2. 界面设置

选择"编辑"→"首选项"→"界面"命令可以进入到"界面"选项中，如图 1-27 所示。在其中可以设置屏幕的颜色和边界颜色，还可以设置面板和文档的各种折叠和浮动方式等。

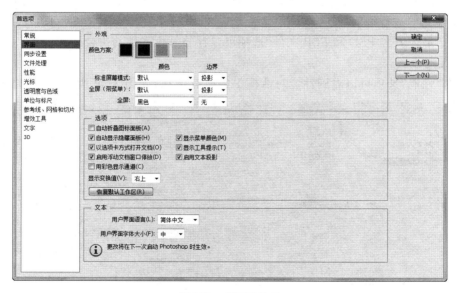

图 1-27　"界面"选项

3. 文件处理设置

选择"编辑"→"首选项"→"文件处理"命令，系统弹出图 1-28 所示"首选项"对话框，在该对话框中有图像预览和文件扩展名两个选项框和一个文件兼容性选项区，以及版本提示选项区。

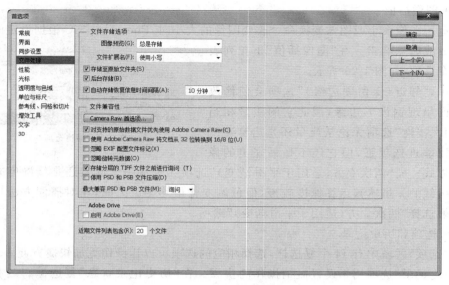

图 1-28　"文件处理"选项

"图像预览"下拉列表中有三个选项,分别是"总不存储"、"总是存储"和"存储时提问"。

"文件扩展名"下拉列表中有两个选项,即"使用大写"和"使用小写"。可自由设定扩展名的大小写。一般来说,小写的扩展名易于阅读。

在"文件兼容性"选项区域中有 5 个复选框和一个下拉列表框。其中"存储分层的 TIFF 文件之前进行询问"复选框决定是否允许在 TIFF 图像格式中存储 ZIP 和 JPEG 压缩文件。"最大兼容 PSD 和 PSB 文件"选项可以存储每个文件的拼合图像版本。

4. 性能设置

单击"性能"选项可以看到性能对话框中的所有选项,如图 1-29 所示。左侧"内存使

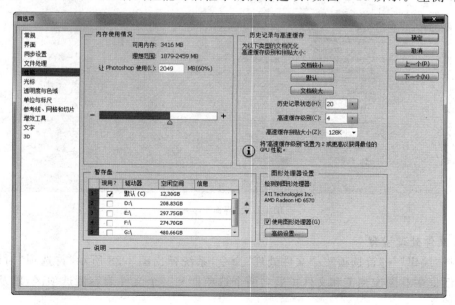

图 1-29　性能选项

用情况"选项区域对于优化 Photoshop 的性能起着相当重要的作用。而暂存盘是定义在硬盘上的一些临时空间。Photoshop CC 在运行中如果超过了计算机指定可用的内存,那么 Photoshop CC 将把文件放到暂存盘中。在"暂存盘"选项区域中可自由设定 4 个暂存盘。

在该对话框中右侧有两个选项,分别是"历史记录状态"和"高速缓存级别"。

历史记录状态可以设置在操作中的后退步骤数,能够记录的历史状态有多少。而高速缓存可使 Photoshop 在编辑过程中加快图像重新生成的速度。图像的高速缓存区保持着文件的若干复制品,从而在进行颜色调整和图层变换之类的操作时可快速地更新屏幕。高速缓存设置的取值范围在 1～8 之间,2 或 3 的高速缓存设置值对于 10MB 以下的文件最佳,而 4 则适用于 10MB 左右的文件。对于完整的直方图的处理,最好不要选择"使用直方图高速缓存"复选框。

5. 光标设置

在"首选项"对话框中选择"光标"选项,用于设置颜色和光标显示。无论在 PC 上还是在苹果机上,它们的选项都是相同的,如图 1-30 所示。

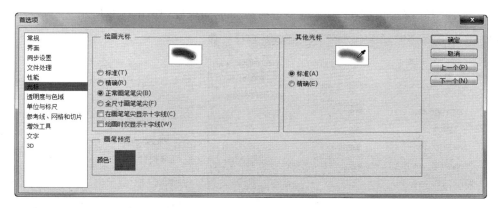

图 1-30　光标

在该对话框中有"绘画光标"、"其他光标"和"画笔预览"三个选项区域。在"绘画光标"选项区域中可自由设定画笔光标的显示方式,此选项区域中有四个单选按钮。"标准"单选按钮可以将画笔光标显示为图标状;"精确"单选按钮可使画笔光标以精确的十字形显示;在"其他光标"选项区域中可设定其他工具的光标,按 Caps Lock 键可以快速切换光标显示方式。在"画笔预览"选项区域中可以设置画笔颜色。

1.3　图像文件的基本操作

图形对象是文件在计算机中的存储形式。大部分的资源都是以文件的形式存储、管理和利用的。在学习图像处理前应先掌握图像文件的基础操作。

1.3.1　新建图像文件

在创建一幅新的图像之前,首先需要建立一个空白图像文件。选择"文件"→"新建"

命令,或按 Ctrl＋N 键,打开"新建"对话框,可以根据需要对新建图像文件的大小、分辨率、颜色模式和背景内容进行设置,如图 1-31 所示。

参数详解:

"新建"对话框中各选项的含义分别如下:

- "名称":用于设置新建文件的名称,为新建图像文件命名,默认为"未标题-X"。
- "宽度"和"高度"文本框:用于设置新建文件的宽度和高度,可以输入 1～300 000 之间的任意一个数值。
- "分辨率"文本框:用于设置图像的分辨率,其单位有像素/英寸和像素/厘米。
- "颜色模式"下拉列表框:用于设置新建图像的颜色模式,其中有"位图"、"灰度"、"RGB 颜色"、"CMYK 颜色"、"Lab 颜色"5 种模式可供选择。
- "背景内容"下拉列表框:用于设置新建图像的背景颜色,系统默认为白色,也可设置为背景色和透明色。
- "高级"按钮:单击该按钮将展开"高级"选项区域,可以对图像文件的"颜色配置文件"和"像素长宽比"两个选项进行更专业的设置,如图 1-32 所示。

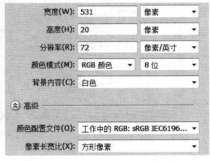

图 1-31　"新建"对话框 　　　　　　　　　　图 1-32　展开"高级"选项区域

技巧提示:

在新建图像之前,先在工具箱下方的"设置背景色"拾色器中设置好所需的颜色,然后在"新建"对话框中的"背景内容"下拉列表中选择"背景色"选项,可以直接确定文件的背景颜色。

1.3.2　打开图像文件

选择"文件"→"打开"命令,或按 Ctrl＋O 键,在打开的"打开"对话框中选择需要打开的文件名及文件格式,然后单击"打开"按钮即可打开已存在的图像文件,如图 1-33 所示。

技巧提示:

选择"文件"→"打开为"命令,可以在指定被选取文件的图像格式后将文件打开;选择"文件"→"最近打开文件"命令,可以打开最近编辑过的图像文件。

图 1-33 "打开"对话框

1.3.3 保存图像文件

当完成一幅图像的创作或编辑后，应该将图像保存起来，以防止因为停电或死机等意外造成不必要的损失。保存图像文件的具体操作方法如下。

操作步骤：

（1）选择"文件"→"存储"命令，打开"另存为"对话框，单击对话框顶部的三角形按钮，在打开的下拉列表中可以设置存储路径，如图 1-34 所示。

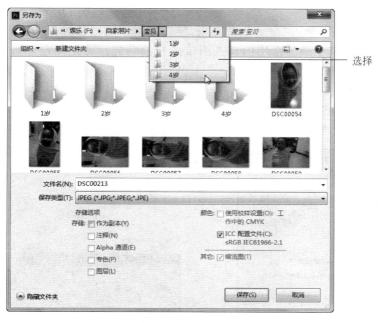

图 1-34 "另存为"对话框

（2）在"文件名"下拉列表框中输入文件名称，然后在"格式"下拉列表中选择文件格式，如图 1-35 所示。

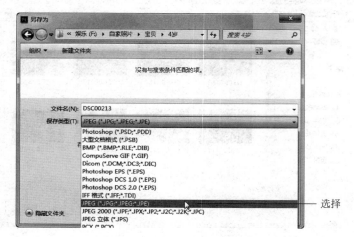

图 1-35　设置文件名称及格式

（3）单击"保存"按钮保存绘制完成的文件，以后按照保存的文件名称及路径就可以打开此文件。

技巧提示：

对于已经保存过的图像，重新编辑后选择"文件"→"存储"命令或按 Ctrl＋S 键将不再打开"存储为"对话框，而直接覆盖原文件进行保存。如果要重新对文件进行保存，可以选择"文件"→"存储为"命令对文件进行另存。

1.3.4　导入与导出图像

在 Photoshop 中"导入"命令非常有用，使用它可以对图像进行扫描，还可以导入视频文件进行处理。其中最为常用的就是图像的扫描功能。首先确定计算机已经连接好扫描仪或相机，然后选择"文件"→"导入"→"WIA 支持"命令，即可在打开的"WIA 支持"对话框中导入图像，如图 1-36 所示。

"导出"命令能够将路径保存导入到矢量软件中，如 CorelDRAW、Illustrator，如图 1-37 所示，除此之外，还能够将视频也导出到相应的软件中进行编辑。

图 1-36　从相机中导入图像

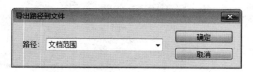

图 1-37　导出路径

1.3.5 调整图像文件大小

图像的宽度、长度、分辨率都可影响到文件的大小。新建图像文件时,在"新建"对话框中可以设置图像文件的尺寸,其右侧会显示当前新建后文件的大小。图像文件完成创建后,如果需要改变其大小,可以选择"图像"→"图像大小"命令,在打开的"图像大小"对话框中输入参数即可改变图像文件的大小,如图 1-38 所示。

图 1-38 调整图像大小

参数详解:

在"图像大小"对话框中各选项的含义分别如下:

- "宽度"或"高度":通过在文本框中输入数值改变图像大小。
- 分辨率:在文本框中重设分辨率来改变图像大小。
- 重新采样:选中该复选框,表示改变任一项设置时其他项也将按相同比例改变。

1.3.6 关闭图像文件

要关闭某个图像文件,只需要关闭该文件对应的文件窗口就可以了。关闭图像文件的方法有如下几种:

- 单击图像窗口标题栏最右端的"关闭"按钮■。
- 选择"文件"→"关闭"命令。
- 按 Ctrl＋W 键。
- 按 Ctrl＋F4 键。

1.4 图像的缩放与查看

在图像处理过程中,通常需要对编辑的图像进行放大或缩小显示,以便对图像进行编辑。用户可以通过状态栏、导航器和缩放工具来实现图像的缩放。

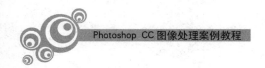

1.4.1 通过状态栏缩放图像

当新建或打开一个图像时,该图像所在图像窗口左下方的数值框中便会显示当前图像的显示百分比,如图 1-39 所示。改变该数值可以实现图像的缩放,例如将该图像显示百分比设置为 120% 时的显示效果如图 1-40 所示。

图 1-39　状态栏中的显示比例

图 1-40　修改比例放大图像显示

1.4.2 通过导航器缩放图像

新建或打开一个图像时,工作界面右上角的"导航器"面板便会显示当前图像的预览效果,如图 1-41 所示。在水平方向上拖动"导航器"面板中下方的滑块,即可对图像进行缩小或放大,如图 1-42 所示。

图 1-41　"导航器"面板

图 1-42　通过导航器缩小图像显示

1.4.3 通过缩放工具缩放图像

除了前面两种缩放操作外,还可以使用工具箱中的缩放工具对图像进行缩放。

操作步骤:

(1) 选择工具箱中的缩放工具 ,将光标移动到图像窗口中,此时鼠标指针会呈放大镜显示状态,放大镜内部有一个十字形,如图 1-43 所示。

(2) 单击,图像会根据当前图像的显示大小进行放大,如图 1-44 所示。如果当前显示为 100%,那么每单击一次放大一倍,且单击处的图像放大后会显示在图像窗口的中心。

图 1-43　显示缩放工具

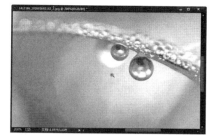

图 1-44　中心放大图像

（3）取消对缩放工具属性栏中"细微缩放"复选框的勾选，然后按住鼠标左键拖动绘制出一个区域，如图 1-45 所示，释放鼠标后可将区域内的图像窗口显示，如图 1-46 所示。

图 1-45　框选要放大的局部图像

图 1-46　放大后的局部图像

（4）使用缩放工具后，按住 Alt 键，此时放大镜内部会出现一个"－"字形。然后单击鼠标，可以将图像缩小显示。

技巧提示：

在使用缩放工具放大或缩小图像时，当图像放大或缩小到一定程度时，缩放工具将显示为 $\mathbb{Q}$ 形状，这意味着图像已经不能再放大。

1.5　颜色选择与填充

在 Photoshop 中，通常是通过前景色和背景色、拾色器、"颜色"面板及吸管工具等方法来设置颜色的。

1.5.1　认识前景色与背景色

在 Photoshop 中，默认状态下前景色为黑色，背景色为白色。前景色与背景色工具位于工具箱底部，如图 1-47 所示。单击前景色与背景色工具右上方的 图标，可以进行前景色和背景色的切换；单击左下方的 图标，可以将前景色和背景色设置成系统默认的黑色和白色。

图 1-47　前景色与背景色工具

1.5.2　使用"拾色器"对话框

用户可以通过"拾色器"对话框设置前景色和背景色,在该对话框中可以根据自己的需要随意设置出任何颜色。

单击工具箱下方的前景色或背景色图标,打开"拾色器"对话框,如图 1-48 所示。在对话框中拖动颜色滑条上的三角滑块可以改变左侧主颜色框中的颜色范围,单击颜色区域即可吸取需要的颜色,吸取后的颜色值将显示在右侧对应的选项中,设置完成后单击"确定"按钮即可。

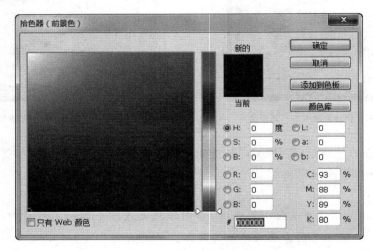

图 1-48　"拾色器"对话框

1.5.3　使用"颜色"面板

使用"颜色"面板也可以设置前景色和背景色。选择"窗口"→"颜色"命令,打开"颜色"面板,如图 1-49 所示。分别拖动 R、G、B 中的滑块来对颜色进行调整,调整过程中的颜色将应用到前景色框中。也可以直接在"颜色"面板下方的颜色样本框中单击来获取需要的颜色。

1.5.4　使用"色板"面板

在"色板"面板中的颜色都是预先设置好的,可直接单击其中的色块来选取需要的颜色,如图 1-50 所示。

图 1-49　"颜色"面板

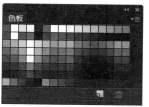

图 1-50　"色板"面板

技巧提示：

单击"色板"面板中的色块可设置为前景色；按住 Ctrl 键的同时单击色块可设置为背景色。

1.5.5　填充颜色

选择"编辑"→"填充"命令，打开"填充"对话框，如图 1-51 所示。在"使用"下拉列表中可以选择填充颜色的类型，包括前景色、背景色，以及图案填充等，如图 1-52 所示，选择好后单击"确定"按钮即可使用相应的颜色填充对象。

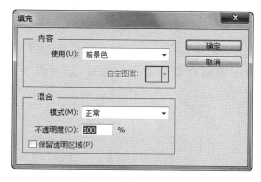

图 1-51　"填充"对话框

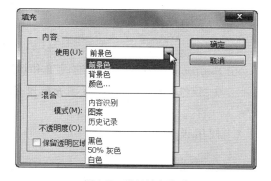

图 1-52　选择填充类型

技巧提示：

按 Alt＋Delete 键可填充前景色，按 Ctrl＋Delete 键可填充背景色。

1.5.6　内容识别填充

在进行图像处理时，使用"内容识别填充"功能可以轻松删除图像元素并用其他内容替换。

操作步骤：

（1）打开一幅图像，单击工具箱中的"套索工具" ，然后按住鼠标左键在图像中拖动，创建一个自由选区。

（2）选择"编辑"→"填充"命令，打开"填充"对话框，在"使用"下拉列表中选择"内容识别"选项，如图 1-53 所示。

（3）单击"确定"按钮，将得到删除选区内原来的图像，并且在选区周围的图像将自动融合在一起，如图 1-54 所示。

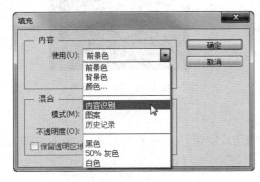

图 1-53　选择"内容识别"选项

图 1-54　内容识别填充的前后效果

技巧提示：

打开"填充"对话框，在"使用"下拉列表中选择"图案"选项后，可以在"自定图案"下拉列表中选择一种图案对图像进行填充。

1.6　知识拓展

在 Photoshop 中进行颜色的设置和填充，除了前面介绍的常用方法外，还可以使用吸管工具、颜色取样器工具设置填充的颜色。

1.6.1　使用吸管工具

"吸管工具" 用于帮助用户在图像或面板中拾取所需要的颜色作为前景色或背景色。单击工具箱中的"吸管工具" ，然后在图像窗口中所需要的颜色处单击即可吸取出新的前景色；按住 Alt 键在图像窗口中单击即可选取出新的背景色。

1.6.2　使用颜色取样器工具

"颜色取样器工具" 存放在"吸管工具" 下拉列表中，用于颜色的选取和采样。与"吸管工具"不同，"颜色取样器工具"是通过在图像中设置"采样点"来获取颜色信息的，它不能直接选取颜色。

使用颜色取样器工具可以在图像中设置 4 个采样点，如图 1-55 所示。设置采样点后，在"信息"面板中可看到采样点的颜色信息，如图 1-56 所示。

技巧提示：

在颜色取样器工具属性栏中单击"清除"按钮，图像中所有的采样点都被删除。如果只删除一个采样点，按住 Alt 键的同时单击需要删除的采样点即可。

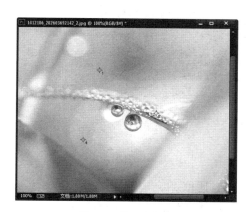

图 1-55　设置采样点

图 1-56　颜色信息

1.7　课后练习

本章主要讲解 Photoshop 的基本知识。下面通过相关的操作练习,加深巩固所学的知识。

课后练习 1——新建图像文件

启动 Photoshop CC 应用程序,然后新建一个名为"练习"的图像文件,并使用绿色对图像背景进行填充,效果如图 1-57 所示。

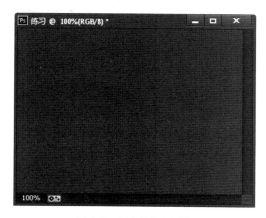

图 1-57　新建并填充图像

本实例的步骤分解如图 1-58 所示。

图 1-58 实例操作思路

操作提示：

（1）启动 Photoshop CC 应用程序。

（2）选择"文件"→"新建"命令，打开"新建"对话框。

（3）在"新建"对话框中输入文件的名称，并设置文件的大小和颜色模式。

（4）单击工具箱中的前景色图标，在打开的"拾色器"对话框中设置前景色的颜色为绿色。

（5）按 Alt＋Delete 键使用前景色对图像进行填充。

课后练习 2——另存图像文件

素材	\素材\第 1 章\沙发色彩.jpg
效果	\效果\第 1 章\沙发去色.jpg

打开"沙发色彩.jpg"图像文件，对图像进行去色，然后将其另存为"沙发去色. jpg"，效果如图 1-59 所示。

图 1-59 另存图像文件

操作提示：

（1）打开"沙发色彩.jpg"图像文件。

（2）选择"编辑"→"调整"→"去色"命令，将图像调整为灰色效果。

（3）选择"文件"→"存储为"命令，打开"另存为"对话框，将图像文件另存为"沙发去色.jpg"图像文件。

第 2 章　选区的创建与编辑

■ **学习目标**

　　使用 Photoshop 中的各种选框工具可以绘制出不同形状、不同效果的选区。在本章的学习中，将通过多个实例学习规则选区工具和不规则选区工具的应用方法，以及选区的各种操作和变换等，包括矩形选框工具和椭圆形选框工具的使用、选区的取消和全选、变换选区等。

■ **重点内容**

- 绘制规则选区；
- 绘制不规则选区；
- 使用"色彩范围"命令；
- 扩展和收缩选区；
- 调整选区边缘；
- 全选与反向选择；
- 选择性粘贴图像；
- 变换选区；
- 羽化选区。

■ **案例效果**

2.1 选区的创建

在 Photoshop 中,选区的运用非常重要,用户常常需要通过选区来对图像进行选择,或者通过填充选区来得到实际的图像。

2.1.1 制作蓝色按钮——创建规则选区

本实例通过规则选区来绘制光环。规则选区主要是指通过矩形选框工具■、椭圆选框工具◯,以及单行/单列选框工具所创建的选区,它们都有非常规范的选区范围。
下面介绍一下这几种工具的使用方法。

- 矩形选框工具■:通过该工具可以创建外形为矩形的规则选区。选择该工具,在工具属性栏中设置好参数并将鼠标指针移动到图像窗口中,再按住鼠标左键拖动,创建一个矩形的选区,最后释放鼠标即可,如图 2-1 所示。
- 椭圆选框工具◯:可以创建外形为椭圆或正圆形的选区。选取工具箱中的椭圆选框工具,在图像上按住鼠标并拖动即可创建椭圆形选区,按住 Shift 键可以绘制出正圆形选区。
- 单行选框工具■和单列选框工具■:可以方便地在图像中创建具有一个像素宽度的水平或垂直选区。选取单行选框工具或单列选框工具,在图像上单击,即可创建出一个宽度为 1 像素的行或列选区,如图 2-2 所示。

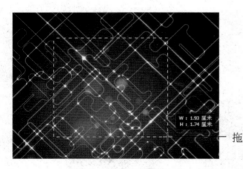

图 2-1　绘制矩形选区

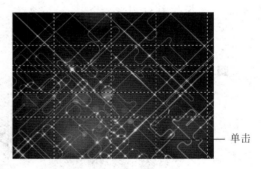

图 2-2　绘制单行/单列选区

本实例绘制的蓝色按钮效果如图 2-3 所示。

效果	\效果\第 2 章\2.1\蓝色按钮.dwg
视频	\视频\第 2 章\2.1\制作蓝色按钮.mp4

操作要点:

创建规则选区是使用的最为频繁的操作方法,本实例首先需要绘制一个矩形选区,通过填充颜色得到一个实际的图像,然后再通过椭圆选框工具绘制出椭圆形,

图 2-3　绘制蓝色按钮

并应用渐变填充,得到按钮图像。

操作步骤:

(1)选择"文件"→"新建"命令,打开"新建"对话框,设置文件名称为"蓝色按钮",宽度和高度为 15×12 厘米,如图 2-4 所示。

(2)选择矩形选框工具,在图像左上方按住鼠标左键往右下角拖动,得到一个矩形选区,然后设置前景色为灰色,按 Alt+Delete 键填充选区,如图 2-5 所示。

图 2-4 新建图像文件

图 2-5 绘制矩形选区

(3)取消选区,然后选择单列选框工具,单击属性栏中的"添加到选区"按钮 ,如图 2-6 所示。

图 2-6 设置属性栏

参数详解:

选框工具属性栏的各项含义如下:

- 按钮组:该组按钮主要用于控制选区的创建方式,选择不同的按钮将进入不同的创建类型, 表示创建新选区, 表示添加到选区, 表示从选区减去, 表示与选区交叉。

- "消除锯齿"复选框:用于消除选区锯齿边缘,该复选框只有在选取了椭圆选框工具后才可用。

- "调整边缘"按钮:单击该按钮,可以在打开的"调整边缘"对话框中定义边缘的半径、对比度和羽化程度等。

- "羽化"文本框:该选项可以使选区边缘产生渐变过渡,当填充选区后即可达到柔化选区边缘图像的目的。取值范围为 0~255 像素,数值越大,像素化的过渡边界就越宽,柔化效果也就越明显。

- "样式"下拉列表框:用于设置选区的形状。在其下拉列表中有"正常"、"固定长宽比"和"固定大小"三个选项。其中"正常"为系统默认设置,可创建不同大小和形状的选区;"固定长宽比"用于设置选区宽度和高度之间的比例,以使创建后的

选区长宽比与设置保持一致；"固定大小"选项用于锁定选区大小，可在"宽度"和
"高度"文本框中输入具体的数值。

（4）在图像左右两侧空白处分别绘制三个单列选区，填充为灰色，如图 2-7 所示。

（5）选择单行选框工具，在图像上下两侧分别绘制两个单行选区，填充为灰色，取消
选区后，效果如图 2-8 所示。

图 2-7　绘制单列选区

图 2-8　绘制单行选区

（6）选择椭圆选框工具，按住 Shift 键在灰色矩形中绘制一个正圆形选区，填充为白
色，如图 2-9 所示。

（7）保持选区，选择"选择"→"变换选区"命令，按住 Alt＋Shift 键缩小选区，如
图 2-10 所示。

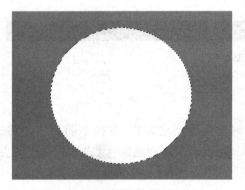
图 2-9　绘制正圆选区

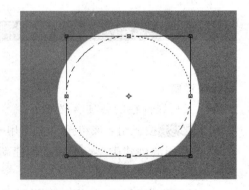
图 2-10　绘制单行选区

（8）选择渐变工具，设置颜色从深蓝色（R4，G80，B157）到浅蓝色（R129，G194，
B255），对选区应用径向渐变填充，如图 2-11 所示。

（9）保持选区，单击属性栏中的"从选区减去"按钮▣，在原有选区上方绘制一个椭圆
形选区，对原有选区做减选操作，如图 2-12 所示。

（10）选择渐变工具，保持刚才所设置的颜色，在选区中从上到下应用径向渐变填充，
再按 Ctrl＋D 键取消选区，得到图 2-13 所示的效果。

（11）选择横排文字工具，在按钮中输入大写字母 Q，填充为白色，完成本实例的操
作，如图 2-14 所示。

图 2-11 填充选区

图 2-12 减选选区

图 2-13 填充选区

图 2-14 输入文字

技巧提示:

文字工具的应用方法在第 5 章中详细介绍。

2.1.2 制作摄影展——创建不规则选区

本例通过创建不规则选区来制作一个摄影展广告。不规则选区工具主要包括套索工具、磁性套索工具、多边形套索工具及魔棒工具,通过这些工具可以创建出多种特异形状的选区。

下面介绍一下这几种工具的使用方法:

- 套索工具 ⬭ :使用该工具在图像中按住鼠标左键拖动即可绘制自由选区,就像在画纸上手动任意绘制线条一样,如图 2-15 所示。
- 磁性套索工具 ⬭ :使用该工具可以在图像中沿图像颜色反差较大的区域创建选区,它可以在图像中沿颜色边界捕捉像素,从而形成选择区域。
- 多边形套索工具 ⬭ :该工具适用于边界为直线型图像的选取,可以轻松地绘制出多边形形态的图像选区。在图像中单击作为创建选区的起始点,然后拖动鼠标再次单击,以创建选区中的其他点,最后将鼠标移动到起始点处,当鼠标指针变成 ⬭ 形态时单击即生成最终的选区,如图 2-16 所示。
- 魔棒工具 ⬭ :使用该工具可以选择颜色一致的图像,从而获取选区,因此常用该工具选择颜色对比较强的图像。

图 2-15　手动绘制选区

图 2-16　绘制多边形选区

本实例绘制的摄影展如图 2-17 所示。

图 2-17　绘制摄影展

素材	\素材\第 2 章\2.1\摄像.jpg、笔.psd、城市.jpg
效果	\效果\第 2 章\2.1\摄影展.psd
视频	\视频\第 2 章\2.1\制作摄影展.mp4

操作要点：

首先通过魔棒工具获取图像背景选区，再使用套索工具减去文字的选区，通过交叉使用不规则选区获取人物图像。

操作步骤：

（1）新建一个图像文件，设置前景色为蓝色（R65，G184，B234），按 Alt＋Delete 键填充背景，如图 2-18 所示。

（2）打开素材图像"摄像.jpg"，选择魔棒工具，在属性栏中设置"容差"为 40，单击灰色图像，如图 2-19 所示。

图 2-18　填充背景

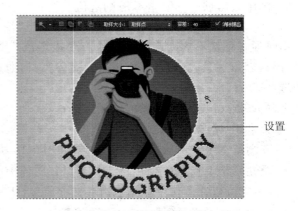

图 2-19　使用魔棒工具

（3）选择套索工具，单击属性栏中的"添加到选区"按钮，手动在文字周围绘制选区，对下面的文字做加选操作，如图 2-20 所示。

（4）选择"选择"→"反向"命令，得到人物图像选区，选择移动工具放到选区中，按住鼠标左键将图像直接拖曳到蓝色图像文件中，如图 2-21 所示。

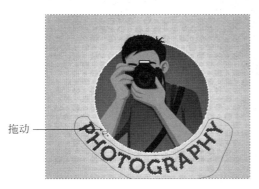

图 2-20 绘制自由选区   图 2-21 移动图像

（5）打开素材图像"笔.psd"，选择磁性套索工具，按住鼠标左键不放沿图像的轮廓拖动鼠标指针，鼠标经过的地方会自动产生节点，并且自动捕捉图像中对比度较大的图像边界，当到达起始点时单击鼠标即可得到一个封闭的选区，如图 2-22 所示。

（6）选择移动工具，将光标放到选区中，按住鼠标左键拖动到当前编辑的图像中，按 Ctrl＋T 键适当调整图像大小，放到图像右下方，如图 2-23 所示。

（7）选择横排文字工具，在图像下方分别输入摄影展文字和活动时间，并填充为橘黄色（R240，G144，B8），然后适当倾斜文字，如图 2-24 所示。

图 2-22 使用磁性套索工具   图 2-23 移动图像   图 2-24 输入文字

技巧提示：

按 Ctrl＋T 键后在图像周围出现一个变换框，调整 4 个角的控制点可以适当缩放图像，将光标放到外侧可以旋转图像。

（8）打开素材图像"城市.jpg"，选择多边形套索工具对城市图像边缘做勾画，得到多边形选区，如图 2-25 所示。

（9）使用移动工具将城市图像直接拖曳到当前编辑的图像中，适当调整图像大小，放到图像底部，如图 2-26 所示。

（10）在"图层"面板中设置该图层的"不透明度"为 50％，完成本实例的操作，如图 2-27 所示。

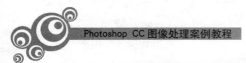

图 2-25　使用多边形套索工具

图 2-26　移动图像

图 2-27　完成效果

技巧提示：

在已有选区的图像中按住 Shift 键，然后绘制一个新选区，可以在原选区的基础上添加一个选区；按住 Alt 键，在已有的选区中绘制一个新选区，可以从原选区中减去新绘制选区。

2.1.3　制作婚礼展牌——使用"色彩范围"命令

本例通过"色彩范围"命令制作一个婚礼展牌。使用该命令可以在图像中创建与预设颜色相似的图像选区，并且可以根据需要调整预设颜色，它比魔棒工具选取的区域更广。选择"选择"→"色彩范围"命令，打开"色彩范围"对话框，如图 2-28 所示。

参数详解：

"色彩范围"对话框中各选项含义如下：

- "选择"下拉列表框：用来设置预设颜色的范围，在其下拉列表中分别有"取样颜色"、"红色"、"黄色"、"绿色"、"青色"、"蓝色"、"洋红"、"高光"、"中间调"和"阴影"等选项。
- 颜色容差：该选项与魔棒工具属性栏中的"容差"选项功能一样，用于调整颜色容

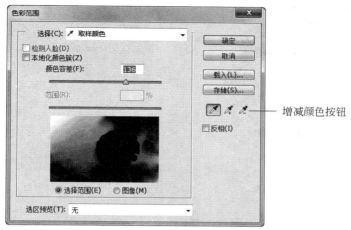

图 2-28 "色彩范围"对话框

右侧标注：增减颜色按钮

差值的大小。

- "选区预览"下拉列表框：用于设置在图像窗口中选取区域的预览方式。用户可以根据需要自行选择"无"、"灰度"、"黑色杂边"、"白色杂边"和"快速蒙版"5 种预览方式。
- 增减颜色按钮组：单击 按钮后在图像窗口中单击可增加颜色范围，单击 按钮可减少颜色范围。

本实例制作的婚礼展牌图像效果如图 2-29 所示。

图 2-29 绘制婚礼展牌

素材	\素材\第 2 章\2.1\底纹.jpg、花环.jpg
效果	\效果\第 2 章\2.1\婚礼展牌.dwg
视频	\视频\第 2 章\2.1\制作婚礼展牌.mp4

操作要点：

"色彩范围"命令可以获取图像中相似颜色范围选区。本实例通过该命令获取花环图像中的白色背景图像选区，然后将其放到背景图像中，再添加矩形图像，得到婚礼名牌。

操作步骤：

（1）选择"文件"→"打开"命令，打开素材图像"底纹.jpg"和"花环.jpg"，如图 2-30 和图 2-31 所示。

（2）选择"花环"图像文件，然后选择"选择"→"色彩范围"命令，打开"色彩范围"对话框，使用吸管工具单击白色图像区域，然后设置"颜色容差"值为 33，即可选择所有白色图像区域，如图 2-32 所示。

（3）单击"确定"按钮，得到的选区效果如图 2-33 所示。

（4）选择"选择"→"反向"命令，获取花纹图像选区，使用移动工具将选区中的图像直接拖曳到底纹图像中，放到画面中间，如图 2-34 所示。

图 2-30　花环图像

图 2-31　底纹图像

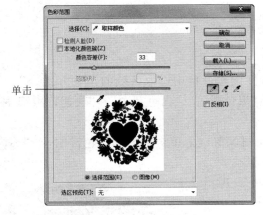

单击

图 2-32　设置"色彩范围"参数

图 2-33　获取选区

（5）单击"图层"面板底部的"创建新图层"按钮 ，新建一个图层，并按住该图层拖动，放到图层 1 的下方，如图 2-35 所示。

图 2-34　移动图像

图 2-35　移动图层

（6）选择矩形选框工具 ，在画面上方和下方分别绘制 4 条细长矩形，填充为淡绿色（R217，G217，B199），如图 2-36 所示。

（7）选择横排文字工具，在名牌中输入新人的名称，并填充为橘红色（R255，G121，B82），如图 2-37 所示，完成本实例的操作。

图 2-36　绘制矩形图像

图 2-37　输入文字

2.2　选区的操作

绘制或者获取选区后,有时还需要对选区进行多种操作,包括取消选区边缘、平滑或扩展选区,这时可通过修改操作对选区进行再加工处理。

2.2.1　选区的取消和重选

在图像中创建或获取选区后再应用其他操作,应及时取消选区,这样才能避免对后面的操作产生影响。选择"选择"→"取消选择"命令或按 Ctrl＋D 键即可取消选区。

重新获取选区,只需选择"选择"→"重新选择"命令或按 Shift＋Ctrl＋D 键即可,但该命令只针对最近一次建立的选区有效。

2.2.2　绘制企业标志——扩展、收缩和平滑选区

本实例通过平滑、扩展和收缩选区来绘制一个企业标志。扩展和收缩选区都是在建立好选区的基础上进行操作,方便用户对选区做适当的编辑。

- 平滑选区:主要用于消除选区边缘的锯齿,使用该命令可以让选区边界变得连续而平滑。选择"选择"→"修改"→"平滑"命令,打开"平滑"对话框,在其中输入数值即可。
- 扩展选区:就是在原始选区的基础上将选区进行扩展。在图像中绘制选区后,选择"选择"→"修改"→"扩展"命令,在打开的"扩展"对话框中设置参数即可。
- 收缩选区:扩展选区的逆向操作,可以将选区向内进行缩小。

本实例绘制的企业标志效果如图 2-38 所示。

图 2-38　绘制企业标志

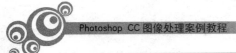
效果	\效果\第 2 章\2.2\企业标志.psd
视频	\视频\第 2 章\2.2\绘制标志.mp4

操作要点：

使用扩展选区时需要注意，将椭圆选区扩展后，边缘不如之前绘制的圆滑。可以使用平滑选区将边缘调整一下，但效果并不明显。

操作步骤：

（1）新建一个图像文件，单击"图层"面板底部的"创建新图层"按钮，得到图层 1，如图 2-39 所示。选择椭圆选框工具，在画面中绘制一个椭圆形选区，填充为深蓝色（R5，G97，B180），如图 2-40 所示。

图 2-39　创建新图层

图 2-40　绘制椭圆形

（2）选择"选择"→"修改"→"扩展"命令，打开"扩展选区"对话框，设置"扩展量"为 15 像素，如图 2-41 所示。单击"确定"按钮，得到扩展后的选区如图 2-42 所示。

图 2-41　设置"扩展选区"参数

图 2-42　扩展选区效果

（3）选择"编辑"→"描边"命令，打开"描边"对话框，设置"宽度"为 5 像素，颜色为深蓝色（R5，G97，B180），位置为"居中"，如图 2-43 所示。单击"确定"按钮，得到描边选区效果如图 2-44 所示。

技巧提示：

在"描边"对话框中设置颜色，只需单击"颜色"后面的色块，即可打开"拾色器"对话框，设置颜色后单击"确定"按钮可以回到描边对话框中。

（4）选择"选择"→"修改"→"收缩"命令，打开"收缩选区"对话框，设置"收缩量"为 40 像素，如图 2-45 所示。单击"确定"按钮，得到收缩后的选区，填充选区为白色，效果如图 2-46 所示。

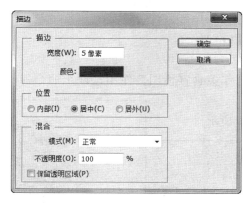

图 2-43 描边选区

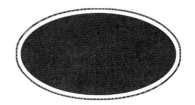

图 2-44 描边效果

图 2-45 设置参数

图 2-46 填充选区

（5）按 Ctrl＋D 键取消选区。选择多边形套索工具，在白色圆圈中绘制一个 W 字形选区，如图 2-47 所示。

（6）选择"选择"→"修改"→"平滑"命令，打开"平滑选区"对话框，设置"取样半径"为 5 像素，如图 2-48 所示。

图 2-47 绘制选区

图 2-48 设置取样半径

（7）单击"确定"按钮，得到平滑后的选区，填充为深蓝色（R5，G97，B180），再使用多边形套索工具绘制一个 L 字形，填充相同的颜色，如图 2-49 所示。

（8）选择横排文字工具，在标志下方输入公司名称，在属性栏中设置字体为宋体，颜色为深蓝色（R5，G97，B180），如图 2-50 所示，完成本实例的制作。

图 2-49 绘制选区

图 2-50 输入文字

2.2.3 制作美食宣传图——扩大选取与选取相似

本实例通过扩大选取和选取相似命令制作美食宣传图。使用这两个命令能够适当扩大选择选区图像周围的近似颜色。

本实例制作的美食宣传图效果如图 2-51 所示。

素材	\效果\第 2 章\2.2\美食.jpg
效果	\效果\第 2 章\2.2\美食宣传图.psd
视频	\视频\第 2 章\2.2\制作美食宣传图.mp4

操作要点：

使用套索工具沿着美食图像边缘勾勒时要尽量靠近食物边缘，在使用"扩大选取"和"选取相似"命令时才能够很好地添加边缘色调，得到食物图像。

图 2-51　美食宣传图

操作步骤：

（1）打开素材图像"美食.jpg"，选择套索工具在美食边缘勾画，绘制一个选区，如图 2-52 所示。

（2）选择"选择"→"反向"命令，得到背景图像选区。然后选择"选择"→"扩大选取"命令，如图 2-53 所示。

（3）选择"选择"→"选取相似"命令，基本得到所有背景图像选区，如图 2-54 所示。

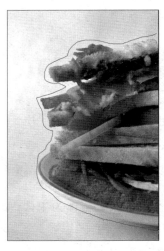

图 2-52　绘制选区　　　　　　　图 2-53　选择命令　　　　　　图 2-54　获取背景图像选区

（4）选择"选择"→"反向"命令，得到美食图像选区。新建一个图像文件，使用移动工具将美食图像拖曳到新建图像中，如图 2-55 所示。

（5）选择横排文字工具，在图像左侧输入三行英文文字，分别调整不同的大小，填充为灰色，如图 2-56 所示，完成本实例的操作。

图 2-55 拖曳图像

图 2-56 输入文字

2.2.4 制作珠宝广告——调整选区边缘

本实例通过调整选区边缘来制作珠宝广告。使用调整选区边缘命令可以更好地获取选区,并通过对话框编辑选区边缘形状及羽化效果。

在图像中绘制好选区后,选择"选择"→"调整边缘"命令,打开"调整边缘"对话框,用户可以在其中调整"边缘半径"、"平滑"、"羽化"等选项参数,如图 2-57 所示。

参数详解:

其中各选项含义如下:

- "视图模式"选项区域:用户可在"视图"下拉列表中选择一个模式以更改选区的显示方式。
- "边缘检测"选项区域:选择"智能半径"复选框,能够自动调整边界区域中发现的硬边缘和柔化边缘的半径。
- "调整边缘"选项区域:在其中设置选区边缘的羽化、平滑等效果。

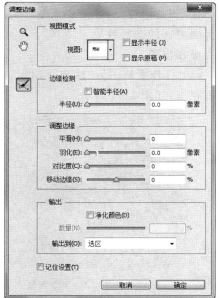

图 2-57 "调整边缘"对话框

- "输出"选项区域:选择"净化颜色"复选框,可将彩色边替换为附近完全选中的像素的颜色。颜色替换的强度与选区边缘的软化度是成比例的。调整"数量"参数能够更改净化和彩色边替换的程度。"输出到"下拉列表中的选项能决定调整后的选区是变为当前图层上的选区或蒙版,还是生成新图层或文档。

本实例绘制的珠宝广告效果如图 2-58 所示。

图 2-58　绘制珠宝广告

素材	\素材\第 2 章\2.2\珠宝.psd
效果	\效果\第 2 章\2.2\珠宝广告.psd
视频	\视频\第 2 章\2.2\制作珠宝广告.mp4

操作要点：

在"调整边缘"对话框中调整"半径"参数时，首先要选择"智能半径"复选框，这样才能得到更好的选区效果。

操作步骤：

（1）打开素材图像"珠宝.psd"，如图 2-59 所示，按 Ctrl＋J 键复制一次图层 1，得到图层 1 副本，如图 2-60 所示。

图 2-59　素材图像

图 2-60　复制图层

（2）选择矩形选框工具在图像中绘制一个矩形选区，如图 2-61 所示。

（3）选择"选择"→"调整边缘"命令，打开"调整边缘"对话框，设置"半径"为 8.9 像素、"羽化"为 1.4 像素、"对比度"为 29％，如图 2-62 所示，这时可以直接在图像中预览到边缘效果，如图 2-63 所示。

（4）单击"确定"按钮回到画面中，得到边缘选

图 2-61　绘制选区

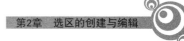

区,按 Shift＋Ctrl＋I 键反向选取选区,再按 Delete 键删除选区中的图像,如图 2-64
所示。

（5）在"图层"面板中设置图层 1 的"不透明度"为 14％,得到的效果如图 2-65 所示。

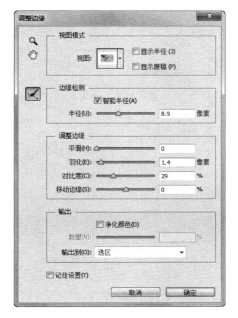

图 2-62　设置各项参数

图 2-63　边缘效果

图 2-64　删除选区中的图像

图 2-65　设置图层不透明度

（6）选择图层 1 副本,按 Ctrl＋J 键复制一次图层,得到图层 1 副本 2,然后在图像中
绘制一个较小的矩形选区,如图 2-66 所示。

（7）选择"选择"→"调整边缘"命令,打开"调整边缘"对话框,设置各选项参数,如
图 2-67 所示。

（8）单击"确定"按钮,得到选区,按 Ctrl＋Shift＋I 键反向选取选区,再按 Delete 键
删除选区中的图像,如图 2-68 所示。

（9）选择图层 1 副本图层,设置该图层的不透明度为 47％,如图 2-69 所示。

（10）新建图层 2,选择矩形选框工具,在图像下方绘制一个矩形选区并填充为枚红
色（R210,G136,B197）,再设置该图层的不透明度为 26％,效果如图 2-70 所示。

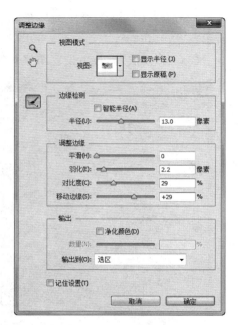

图 2-66　绘制选区

图 2-67　设置各选项参数

图 2-68　删除选区内容

图 2-69　降低图像不透明度

（11）选择横排文字工具，在图像下方输入文字，并在属性栏中设置字体为宋体，填充为白色，如图 2-71 所示。

图 2-70　绘制透明矩形

图 2-71　输入文字

技巧提示：

当用户绘制好选区后，可以按 Ctrl＋H 键隐藏选区；再次按 Ctrl＋H 键则可以显示选区。

2.2.5　制作酒杯倒影——全选与反向选择

本实例通过全选与反向选择来绘制酒杯倒影。对于整个图像选区的获取，用户可以使用全选操作；也可以在获取部分选区后，使用反向选择来获取选区以外的图像区域。

- 选择"选择"→"全部"命令或按 Ctrl＋A 键即可全选选区。
- 选择"选择"→"反选"命令或按 Shift＋ Ctrl＋I 键可反选选区，该命令常用于配合选框工具使用。

本实例编辑酒杯图像后的效果如图 2-72 所示。

图 2-72　制作酒杯倒影

素材	\素材\第 2 章\2.2\酒杯.jpg、彩色背景.jpg
效果	\效果\第 2 章\2.2\酒杯倒影.psd
视频	\视频\第 2 章\2.2\制作酒杯倒影.mp4

操作要点：

使用魔棒工具选取酒杯图像背景，然后通过反选得到酒杯图像，将其放到彩色背景图像中，再制作出倒影效果。

操作步骤：

（1）打开素材图像"酒杯.jpg"，选择魔棒工具，在属性栏中设置容差值为 30，单击背景图像，获取白色背景图像选区，如图 2-73 所示。

（2）选择"选择"→"反向"命令，获取酒杯和下面的平台图像选区，如图 2-74 所示。

图 2-73　获取选区

图 2-74　反选操作

（3）选择矩形选框工具，单击属性栏中的"从选区减去"按钮 ，在图像下方绘制一个矩形选区，框选底座图像，通过减选得到完整的酒杯图像选区，如图 2-75 所示。

（4）打开素材图像"彩色背景.jpg"，使用移动工具将选区中的酒杯图像直接拖曳到彩色背景中，如图 2-76 所示。

图 2-75　减选选区

图 2-76　移动图像

（5）按 Ctrl＋J 键复制一次酒杯图像，再选择"编辑"→"变换"→"垂直翻转"命令将其垂直翻转后放到图像底部，如图 2-77 所示。

（6）选择橡皮擦工具 ，在属性栏中设置"不透明度"为 80％，然后对下方的酒杯进行擦除，得到倒影效果，如图 2-78 所示，完成本实例的操作。

图 2-77　翻转图像

擦除
图 2-78　制作倒影

2.3　图像选区的编辑

为图像建立选区就是为了方便对图像的操作，那么怎样在选区中对图像进行编辑呢？下面就来详细介绍这一功能，其中包括选区中图像的移动和复制、选区的放大缩小等变换、羽化选区和描边选区等。

2.3.1 制作艺术边框——羽化和描边选区

本实例通过羽化和描边选区来制作图像边框艺术效果。通过使用羽化操作,可以使选区边缘变得柔和,在图像合成中常用于使图像边缘与背景色进行融合。描边选区是指使用一种颜色沿选区边界进行填充。

本实例绘制的图像艺术边框效果如图 2-79 所示。

素材	\素材\第 2 章\2.3\蘑菇.jpg
效果	\效果\第 2 章\2.3\艺术边框.psd
视频	\视频\第 2 章\2.3\制作艺术边框.mp4

操作要点:

在羽化选区时要注意设置"羽化半径"的参数,数值越大,图像边缘越模糊。而在描边选区时,"位置"的选择也很重要,可以直接影响描边效果。

操作步骤:

(1)打开素材图像"蘑菇 jpg",选择套索工具在图像中手动绘制一个不规则选区,如图 2-80 所示。

(2)选择"选择"→"修改"→"羽化"命令,打开"羽化"对话框,设置"羽化半径"为 20 像素,如图 2-81 所示。

图 2-79　图像艺术边缘

图 2-80　绘制选区

图 2-81　设置羽化参数

(3)单击"确定"按钮,得到羽化选区。选择"选择"→"反向"命令,得到反选选区,将其填充为白色,如图 2-82 所示。

(4)选择"选择"→"反向"命令,再次反向选择选区,然后选择"编辑"→"描边"命令,打开"描边"对话框,设置"宽度"为 10 像素,单击颜色右侧的色块,设置为深紫色(R67,G15,B78),如图 2-83 所示。

(5)单击"确定"按钮,得到描边选区效果,如图 2-84 所示,完成本实例的操作。

图 2-82 填充选区

图 2-83 设置描边参数

图 2-84 描边选区

图 2-85 制作服饰海报

2.3.2 制作服饰海报——移动和复制图像

本实例通过移动和复制选区中的图像来制作服饰海报。主要通过复制和移动选区中的图像来得到广告内容。

本实例绘制的服饰海报效果如图 2-85 所示。

素材	\素材\第 2 章\2.3\花纹背景.psd、模特.jpg
效果	\效果\第 2 章\2.3\服饰海报.psd
视频	\视频\第 2 章\2.3\制作服饰海报.mp4

操作要点：

在建立选区后,首先复制选区中的图像,然后使用移动工具将选区中的图像拖曳到背景图像中,在拖动时要始终按住鼠标左键不放,直至拖动到合适的位置后再松开鼠标。

操作步骤：

（1）打开素材图像"模特.jpg"，选择工具箱中的魔棒工具，在属性栏中设置"容差"为10，按住 Shift 键对选区做加选，获取背景图像选区，如图 2-86 所示。

（2）按 Ctrl＋C 键复制选区中的图像，然后打开素材图像"花纹背景.psd"，选择移动工具，将鼠标放到选区中，按住鼠标左键拖动到"花纹背景"中，如图 2-87 所示。

图 2-86　获取选区

图 2-87　移动图像

技巧提示：

在图像中创建选区后，选择移动工具，在选区内按住鼠标左键并拖动即可移动选区和图像的位置。

（3）这时"图层"面板中显示的人物图像为图层 2，直接向下拖曳该图层，与图层 1 交换位置，效果如图 2-88 所示。

（4）选择横排文字工具，在画面右侧输入两行文字，并在属性栏中设置字体为宋体，填充为白色，完成本实例的操作，如图 2-89 所示。

图 2-88　移动图层

图 2-89　输入文字

2.3.3　制作花瓶背景——选择性粘贴图像

本实例通过"选择性粘贴图像"命令来粘贴花瓶。使用"选择性粘贴"命令中的"原位粘贴"、"贴入"和"外部粘贴"命令，可以根据需要在复制图像的原位置粘贴图像，或者有所选择地粘贴复制图像的某一部分。

Photoshop CC 图像处理案例教程

本实例制作的花瓶背景效果如图 2-90 所示。

素材	\素材\第 2 章\2.3\彩色背景.jpg、花瓶.jpg
效果	\效果\第 2 章\2.3\花瓶背景.psd
视频	\视频\第 2 章\2.3\制作花瓶背景.mp4

操作要点：

首先绘制一个不规则选区，然后通过"选择性粘贴"命令得到蒙版效果，可以在后期对这种效果进行修改。

操作步骤：

（1）选择"文件"→"新建"命令，新建一个图像文件，选择套索工具，在属性栏中设置"羽化"为 20 像素，在图像中手动绘制一个不规则选区，如图 2-91 所示。

（2）打开素材文件"彩色背景.jpg"，按 Ctrl＋A 键全选图像，再按 Ctrl＋C 键复制图像，如图 2-92 所示。

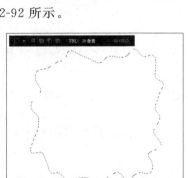

图 2-91　绘制选区

图 2-92　全选图像

（3）选择新建图像文件，选择"编辑"→"选择性粘贴"→"外部粘贴"命令，将复制的图像贴入选区外部，如图 2-93 所示，这时可以在"图层"面板中看到粘贴的图像以蒙版显示，如图 2-94 所示。

图 2-93　粘贴图像

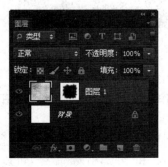

图 2-94　蒙版区域

50

（4）打开素材图像"花瓶.jpg"，选择套索工具，在属性栏中设置"羽化"为 20 像素，在花瓶图像周围绘制选区，如图 2-95 所示。

（5）按 Ctrl＋C 键复制图像，然后切换到新建图像中，选择"编辑"→"选择性粘贴"→"原位粘贴"命令，如图 2-96 所示，完成本实例的操作。

图 2-95　绘制选区

图 2-96　粘贴图像

2.3.4　制作立体化书籍——变换选区

本实例通过变换选区来制作书籍立体效果。"变换选区"命令用于对已有选区做任意形状变换，该命令可以对选区做自由变形，不会影响到选区中的图像，它可以使图像产生缩放、旋转与斜切、扭曲与透视等操作。选择"选区"→"编辑"命令，在其子菜单中可以看到各种变换命令。

本实例绘制的立体化书籍效果如图 2-97 所示。

图 2-97　立体化书籍

素材	\素材\第 2 章\2.3\封面.psd
效果	\效果\第 2 章\2.3\立体化书籍.psd
视频	\视频\第 2 章\2.3\制作立体化书籍.mp4

操作要点：

对选区应用变换时，可以通过按住 Ctrl 键直接对选区应用多种变换方式，这也是最为快捷的方法。

操作步骤：

（1）打开素材图像"封面.psd"，选择矩形选框工具，在封面图像右侧绘制一个矩形选区，如图 2-98 所示。

（2）选择"选择"→"变换选区"命令，选区四周出现变换框，按住右侧中间的节点向上拖动，再按住 Ctrl 键拖动右上方的节点，稍微向下拖动便得到变换选区效果，如图 2-99 所示。

（3）按 Enter 键确定操作。新建一个图层，单击工具箱底部的前景色图标，在打开的对话框中设置颜色为土黄色（R183，G173，B149），按 Alt＋Delete 键填充选区，效果如图 2-100 所示。

（4）选择工具箱中的加深工具 ![加深工具图标]，在属性栏中设置"曝光度"为 60%，对选区中的图像上方进行涂抹,适当加深图像颜色,效果如图 2-101 所示。

图 2-98 绘制选区　　　　　　　　　　图 2-99 变换选区

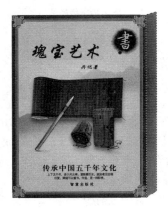

图 2-100 填充选区　　　　　　　　　　图 2-101 变换选区

（5）选择矩形选框工具在封面图像顶部绘制一个矩形选区,如图 2-102 所示。选择"选择"→"变换选区"命令,按住 Ctrl 键拖动图像四周节点,得到一个向右伸展的平行四边形,如图 2-103 所示。

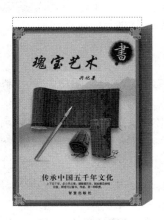

图 2-102 绘制选区　　　　　　　　　　图 2-103 变换选区

（6）按 Enter 键确定操作，将选区填充为灰色，如图 2-104 所示。选择工具箱中的减淡工具 ，对灰色图像进行适当的涂抹，得到渐变效果，如图 2-105 所示，完成本实例的操作。

图 2-104　填充选区

图 2-105　完成效果

2.4　拓展知识

在 Photoshop 中，除了前面介绍的选区创建与应用外，还可以根据需要对选区进行存储和载入操作。

2.4.1　存储选区

在编辑图像的过程中，可以保存一些造型较复杂的图像选区，当以后需要使用时可以将保存的选区直接载入使用。

操作步骤：

（1）打开任意一个图像文件，在图像中绘制一个选区，如图 2-106 所示。

图 2-106　绘制选区

（2）选择"选择"→"存储选区"命令，打开"存储选区"对话框，设置储存通道的位置及名称，如图 2-107 所示。

（3）设置好存储选区的各选项后单击"确定"按钮，可以在"通道"面板中查看到存储的选区，如图 2-108 所示。

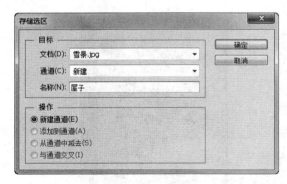

图 2-107　存储选区

图 2-108　存储在通道中的选区

参数详解：

"存储选区"对话框中各选项的含义如下：

- 文档：在右方的下拉列表中可以选择在当前文档中或是在新建文件中创建存储选区的通道，如图 2-106 所示。
- 通道：用于选取作为选区要存储的图层或通道。
- 名称：用于设置储存通道的名称。
- 操作：用于选择通道的处理方式，包括"新建通道"、"添加到通道"、"从通道中减去"和"与通道交叉"几个选项。

2.4.2　载入选区

在存储好选区后，可以随时根据需要将选区载入到图像中进行运用。

操作步骤：

（1）在存储好选区后，选择"选择"→"载入选区"命令，打开"载入选区"对话框，在"通道"下拉列表中选择需要载入的选区名称，如图 2-109 所示。

（2）单击"确定"按钮即可将指定的选区载入到图像中，如图 2-110 所示。

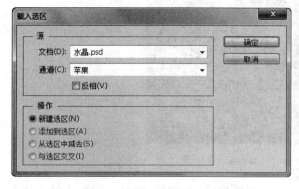

图 2-109　"载入选区"对话框

图 2-110　载入选区

2.5　课后练习

本章主要讲解了选区的创建与编辑等相关知识。下面通过相关的实例练习,加深巩固所学的知识。

课后练习 1——绘制水晶按钮

效果	\效果\第 2 章\2.5\水晶按钮.psd

结合本章所学知识,使用椭圆选框工具,并通过加选和减选等操作绘制出圆形、半圆形,以及月牙形选区,通过填充选区、擦除图像等操作得到水晶按钮图像,效果如图 2-111 所示。

图 2-111　水晶按钮

本实例的步骤分解如图 2-112 所示。

图 2-112　实例操作思路

操作提示:

(1)选择椭圆选框工具,按住 Shift 键绘制一个正圆形选区,对其应用径向渐变填充。

(2)再绘制一个较小的圆形选区,通过减选操作得到月牙选区,然后填充为白色。

(3)使用橡皮擦工具,在属性栏中设置"不透明度"为 50%,对白色月牙图像做一些擦除操作,得到较为透明的图像效果。

(4)绘制其他月牙图像,组合得到水晶按钮图像。

(5)使用横排文字工具,在图像中输入文字,填充为白色后适当倾斜文字。

课后练习 2——添加人物投影

素材	\素材\第 2 章\2.5\卡通图像.psd
效果	\素材\第 2 章\2.5\添加人物投影.psd

结合本章所学知识,使用套索工具绘制出选区,然后通过"羽化"命令对选区填充颜色,得到投影效果,如图 2-113 所示。

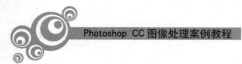

图 2-113　人物投影

本实例的步骤分解如图 2-114 所示。

图 2-114　实例操作思路

操作提示：

（1）选择套索工具，在人物底部绘制一个不规则选区作为投影的选区。

（2）选择"选择"→"修改"→"羽化"命令，打开"羽化"对话框，设置羽化半径值为 25 像素。

（3）单击"确定"按钮，得到羽化选区，将其填充为土红色（R125，G101，B40），得到投影效果。

第 3 章　图像的绘制与修饰

■ **学习目标**

本章具体讲解图像处理的基本应用操作——图像的绘制与编辑，主要介绍基本图像的绘制、带艺术效果图形的绘制和图像的基本编辑，通过相关知识点的学习和多个案例的制作，可初步掌握画笔、铅笔、渐变、修复、图章、模糊等工具的设置与应用等操作。

■ **重点内容**

- 使用铅笔工具；
- 使用画笔工具；
- 使用渐变工具；
- 使用修复画笔工具；
- 使用修补和污点修复画笔工具；
- 使用减淡和加深工具；
- 使用模糊、锐化和涂抹工具；
- 使用图章工具组；
- 使用橡皮擦工具组。

■ **案例效果**

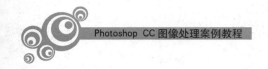
3.1 绘制图像

Photoshop CC 提供了多种用于绘制图像的工具,都集中在"画笔"面板中。通过这些工具可以制作出各种创意图像。选择"窗口"→"画笔"命令,或先选择工具箱中的画笔工具,然后单击工具属性栏中的 ![按钮] 按钮即可打开"画笔"面板,如图 3-1 所示。单击"画笔"面板左上方的三角按钮,打开"画笔"和"画笔预设"面板,如图 3-2 所示,在其中可以选择所需的画笔样式。

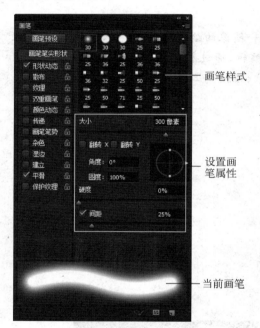

图 3-1 "画笔"面板

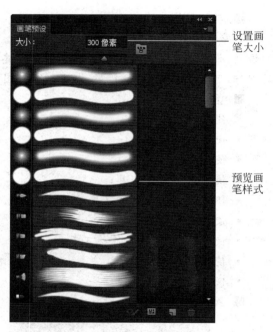

图 3-2 "画笔预设"面板

3.1.1 绘制笑脸云——使用铅笔工具

本实例使用铅笔工具绘制一个笑脸云图像。铅笔工具 ![铅笔图标] 位于画笔工具组中,使用比较简单。选择铅笔工具,其属性栏如图 3-3 所示,使用铅笔工具可创建出硬边的曲线或直线,笔触的颜色为前景色。

图 3-3 铅笔工具属性栏

在属性栏中设置画笔大小后,在画面中拖动鼠标即可绘制图像。通过铅笔工具绘制的图形都比较生硬,不像画笔工具那样平滑柔和,因为它无法产生湿边效果。

在图像中绘制一朵笑脸白云,效果如图 3-4 所示。

图 3-4　绘制笑脸云

素材	\素材\第 3 章\3.1\荷塘.jpg
效果	\效果\第 3 章\3.1\笑脸云.psd
视频	\视频\第 3 章\3.1\绘制笑脸云.mp4

操作要点：

铅笔工具的笔触很硬，所以绘制出的图像边缘都是界限分明的，只需要在属性栏中调整画笔大小、不透明参数，然后设置好颜色，即可在图像中绘制出铅笔效果。在绘制过程中需要注意控制笔刷大小和方向。

操作步骤：

（1）打开素材图像"荷塘.jpg"，使用铅笔工具在图像中绘制一个笑脸白云，如图 3-5 所示。

（2）选择铅笔工具，在属性栏中单击"画笔预设"右侧的三角形按钮，在打开的面板中设置画笔大小为 50，然后在属性栏中设置"不透明度"为 70％，如图 3-6 所示。

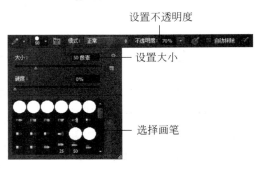

图 3-5　打开图像文件　　　　　　图 3-6　设置属性

（3）在天空图像中拖动鼠标，手动绘制出三个图形，组合成笑脸图像，如图 3-7 所示。

（4）使用相同的方法在属性栏中缩小画笔，并降低不透明度参数，绘制出其他的笑脸云图像，如图 3-8 所示。

图 3-7　绘制笑脸　　　　　　　　　　　　　　　图 3-8　完成效果

3.1.2　绘制星空夜色——使用画笔工具

　　本例通过画笔工具绘制一个星空夜色图像。使用画笔工具绘图实质就是使用某种颜色在图像中填充颜色,在填充过程中不但可以不断调整画笔笔头大小,还可以控制填充颜色的透明度、流量和模式。

　　本实例绘制的星空夜色如图 3-9 所示。

图 3-9　绘制星空夜色

素材	\素材\第 3 章\3.1\星空.jpg
效果	\效果\第 3 章\3.1\星空夜色.psd
视频	\视频\第 3 章\3.1\绘制星空夜色.mp4

操作要点:

　　本实例主要学习“画笔”面板中的各种设置,对于面板左侧的各选项也有非常详细的介绍,用户可以根据需要对画笔进行设置,绘制出所需的图像效果。

操作步骤:

　　(1)打开素材图像“星空.jpg”,如图 3-10 所示,使用画笔工具在图像中绘制多个光点图像。

　　(2)选择画笔工具,单击属性栏中的 ![按钮] 按钮,在“画笔”面板中选择柔角画笔,设置画笔大小为 44。然后选择"间距"复选框，设置参数为 122％，如图 3-11 所示。

图 3-10　打开素材图像

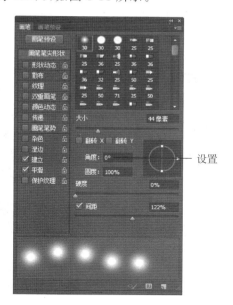

图 3-11　设置画笔属性

（3）选择左侧的"形状动态"选项，设置"大小抖动"为 100％，如图 3-12 所示。

（4）选择"散布"选项，选择"两轴"复选框，设置参数为 650％，"数量"为 2，如图 3-13
所示。

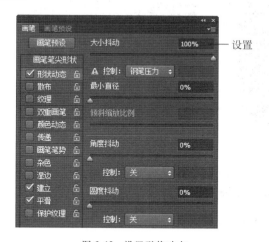

图 3-12　设置形状动态

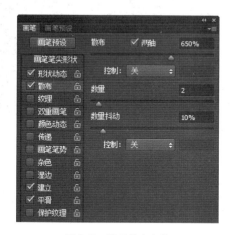

图 3-13　设置散布参数

参数详解：

"形状动态"选项中的各项含义如下：

- 大小抖动：用来控制画笔产生的画笔大小的动态效果，值越大，抖动越明显。
- 控制："控制"下拉列表框用来控制画笔抖动的方式，默认情况为不可用状态，只
  有在其下拉列表中选择一种抖动方式时才变为可用。如果计算机没有安装绘图
  板或光电笔等设置，只有"渐隐"抖动方式有效。

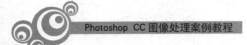

- 角度抖动方式：当设置角度抖动方式为"渐隐"时，其右侧的文本框用来设置画笔旋转的步数。
- 圆度抖动方式：当设置圆度抖动方式为"渐隐"时，其右侧的文本框用来设置画笔圆度抖动的步数。

"散布"选项中的各项含义如下：

- 散布：用来设置画笔散布的距离，值越大，散布范围越宽。
- 数量：用来控制画笔产生的数量，值越大，数值量越多。

（5）在属性栏中设置"不透明度"为50％，在图像中间从左到右拖动，绘制出一串圆点星光图像，如图3-14所示。

（6）选择"双重画笔"选项，设置"大小"为90、"间距"为25％、"散布"为605％、"数量"为5，如图3-15所示。

图 3-14　绘制图像

图 3-15　设置双重画笔

技巧提示：

用户在选择了画笔工具后，按{键可以缩小画笔，按}键可以放大画笔。

（7）设置好画笔参数后，在图像中按住鼠标左键拖动鼠标，绘制出其他的星光图像，效果如图3-16所示。

（8）选择横排文字工具，在图像中输入一行英文文字，填充为白色，并在"图层"面板中设置其不透明度为50％，如图3-17所示，完成本实例的操作。

3.1.3　制作雨后彩虹——使用渐变工具

本例通过渐变工具来制作雨后彩虹。渐变是指两种或多种颜色之间的过渡效果，在Photoshop CC中包括线性、径向、对称、角度对称和菱形5种渐变方式。

图 3-16 绘制其他图像

图 3-17 输入文字

单击工具箱中的渐变工具 ，其工具属性栏如图 3-18 所示。

图 3-18 渐变工具属性栏

参数详解：

属性栏中各选项的含义如下：

- ：单击其右侧的 ▼ 按钮将打开渐变工具面板，其中提供了 15 种颜色渐变模式供选择。单击面板右侧的 ▼ 按钮，在弹出的下拉菜单中可以选择其他渐变集。
- ：这些按钮代表 5 种渐变方式，分别是线性渐变 、径向渐变 、角度渐变 、对称渐变 、菱形渐变 。
- "模式"下拉列表框：用于设置填充的渐变颜色与它下面的图像如何进行混合，各选项与图层的混合模式作用相同。
- "不透明度"下拉列表框：用于设置填充渐变颜色的透明程度。
- "反向"复选框：选中该复选框后产生的渐变颜色将与设置的渐变顺序相反。
- "仿色"复选框：选中该复选框可使用递色法来表现中间色调，使渐变更加平滑。
- "透明区域"复选框：选中该复选框可在 下拉列表框中设置透明的颜色段。

本实例绘制的雨后彩虹如图 3-19 所示。

图 3-19 绘制雨后彩虹

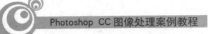

素材	\素材\第 3 章\3.1\海边.jpg
效果	\效果\第 3 章\3.1\雨后彩虹.psd
视频	\视频\第 3 章\3.1\制作雨后彩虹.mp4

操作要点：

使用渐变工具可以对图像做多种颜色的填充。在"渐变编辑器"对话框中设置颜色时，可以对颜色进行多样化编辑，设置颜色范围及不透明度等。

操作步骤：

（1）选择"文件"→"打开"命令，打开素材图像"海边.jpg"，如图 3-20 所示。

（2）单击"图层"面板底部的"创建新图层"按钮，新建图层 1，如图 3-21 所示。

图 3-20　打开素材图像

图 3-21　新建图层

（3）选择工具箱中的渐变工具，在属性栏中设置渐变方式为"径向渐变"，再单击渐变色条，打开"渐变编辑器"窗口，选择"透明彩虹渐变"，然后移动上下色标的位置，如图 3-22 所示。

（4）单击"确定"按钮，在图像中下方从上到下拖动鼠标，得到一个圆形彩虹图像，如图 3-23 所示。

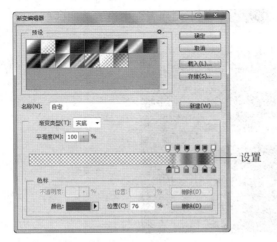

图 3-22　设置色标

图 3-23　渐变填充

（5）选择矩形选框工具，在属性栏中设置羽化值为 20，在彩虹图像下方绘制一个矩形选区，如图 3-24 所示。

（6）按 Delete 键删除选区中的图像，得到半圆形彩虹图像，如图 3-25 所示。

图 3-24 绘制选区

图 3-25 删除图像

（7）在"图层"面板中设置图层 1 的"不透明度"为 20%，得到透明彩虹图像，如图 3-26 所示。

（8）按 Ctrl＋T 键将彩虹图像放大一些，并适当向中间移动，如图 3-27 所示，完成本实例的操作。

图 3-26 透明彩虹

图 3-27 调整大小

3.2 修饰图像

在 Photoshop 中，可以对一些有杂点、褶皱的图像进行处理，得到完整清晰的画面，还可以对图像进行复制或模糊操作。下面分别对这些功能做详细的介绍。

3.2.1 消除人物面部雀斑——使用修复画笔工具

本实例通过修复画笔工具来消除人物面部雀斑。使用修复画笔工具 ，可以用图像中与被修复区域相似的颜色去修复破损图像，还可将样本像素的纹理、光照、透明度和阴影与所修复的像素进行匹配,从而使修复后的像素自然地融入图形图像中。选择修复画笔工具,其工具属性栏如图 3-28 所示。

图 3-28　修复画笔工具属性栏

参数详解:

修复画笔工具属性栏中的各项含义如下:

* 源:选择"取样"单选按钮,即可使用当前图像中的像素修复图像,在修复前需定位取样点;选择"图案"单选按钮,可以在右侧的下拉列表中选择图案来修复。
* 对齐:当选中该复选框后,以同一基准点对齐,即使多次复制图像,复制出来的图像仍然是同一幅图像;若取消对该复选框的勾选,则多次复制出来的图像将是多幅以基准点为模板的相同图像。

本实例消除人物面部雀斑前后对比效果如图 3-29 所示。

(a) 原图　　　　　　　　　　　　　　(b) 修复后

图 3-29　消除面部雀斑

素材	\素材\第 3 章\3.2\雀斑少女.jpg
效果	\效果\第 3 章\3.2\人物面部.psd
视频	\视频\第 3 章\3.2\消除人物面部雀斑.mp4

操作要点:

使用修复画笔工具修复图像中的杂点图像,可以选择周围的图像,对需要修复的图像做处理,在处理时可以根据需要在属性栏中设置画笔大小。

操作步骤:

(1)打开素材图像"雀斑少女.jpg",如图 3-30 所示。可以看到在人物面部有许多雀斑,下面通过修复画笔工具 对其做清除。

(2)选择工具箱中的修复画笔工具 ,在属性栏中设置画笔大小为 20,再选择"取样"单选按钮,按住 Alt 键在面部没有雀斑的位置单击做取样操作,如图 3-31 所示。

(3)取样后,在人物面部拖动鼠标小心进行涂抹,在涂抹过程中可以再次按 Alt 键进

图 3-30　打开素材图像

行取样,获取周围图像,对雀斑进行修复,如图 3-32 所示。

图 3-31　取样图像

图 3-32　修复图像

　　(4)继续对另一侧面部雀斑做修复操作,通过拖动鼠标可以发现涂抹处的图像被取样处的图像覆盖,如图 3-33 所示。

　　(5)按住 Alt 键单击额头图像进行取样,然后拖动鼠标消除额头上的雀斑,如图 3-34 所示,完成本实例的操作。

图 3-33　继续修复图像

图 3-34　完成操作

3.2.2 修复照片缺陷——使用修补和污点修复画笔工具

本实例通过修补工具和污点修复画笔工具来修复照片缺陷。

- 修补工具 ![icon]：一种使用最频繁的修复工具，其工作原理与修复工具一样，只是它先像套索工具一样绘制一个自由选区，然后通过将该区域内的图像拖动到目标位置，从而完成对目标处图像的修复。
- 污点修复工具 ![icon]：主要用于快速修复图像中的斑点或小块杂物等。

本实例修复的图像前后对比效果如图 3-35 所示。

(a) 原图   (b) 修复后

图 3-35　修复后的照片

素材	\素材\第 3 章\3.2\可爱姐弟.jpg
效果	\效果\第 3 章\3.2\修复照片.psd
视频	\视频\第 3 章\3.2\修复照片缺陷.mp4

操作要点：

使用修补工具，需要对修复的图像绘制选区，然后将该选区中的图像与周边的图像进行混合，得到修复效果。使用污点修复画笔工具更能直接针对图像进行修复。

操作步骤：

(1) 打开素材图像"可爱姐弟.jpg"，如图 3-36 所示。可以看到在人物面部有一些小杂点，并且在图像左下方有折痕，下面就通过修补工具和污点修复画笔工具来修复照片中的缺陷。

(2) 选择工具箱中的污点修复画笔工具，在属性栏中设置画笔大小为 9，并选择"内容识别"单选按钮，如图 3-37 所示。

参数详解：

污点修复画笔工具属性栏中的各项含义如下：

- ![icon] 19：与画笔工具属性栏对应的选项一样，用来设置画笔的大小和样式等。
- 模式：用于设置绘制后生成图像与底色之间的混合模型。
- 类型：用于设置修复图像区域修复过程中采用的修复类型，选择"近似匹配"单选按钮后，将使用要修复区域周围的像素来修复图像；选择"创建纹理"单选按

图 3-36 打开素材图像

图 3-37 污点修复画笔工具属性栏

钮,将使用被修复图像区域中的像素来创建修复纹理,并使纹理与周围纹理相协调。

- 对所有图层取样:选择该复选框可从所有可见图层中对数据进行取样。

(3)将鼠标移动到人物面部的杂点图像上单击,如图 3-38 所示,系统会自动在单击处取样图像,并将取样后的图像平均处理后填充到单击处,效果如图 3-39 所示。

图 3-38 单击杂点图像

图 3-39 消除杂点

(4)使用相同的方法对面部的其他杂点图像进行单击,去除面部杂点图像,效果如图 3-40 所示。

(5)下面来修复图像左下角的折痕。选择修补工具 ,在属性栏中单击"新选区"按钮,再选择"源"单选按钮,如图 3-41 所示。

参数详解:

修补工具属性栏中的各项含义如下:

- ：与选框工具一样,可以对绘制的选区进行加选、减选或交叉等操作。

图 3-40 消除其他杂点

图 3-41 修补工具属性栏

- **修补**：选择"源"单选按钮，在修补选区内显示原位置的图像；选择"目标"单选按钮，修补区域的图像被移动后，使用选择区域内的图像进行覆盖。
- **透明**：选择该复选框可以设置应用透明的图案。
- **使用图案**：此项只有在图像中建立了选区后才能被激活。在选区中应用图案样式后，可以保留图像原来的质感。

（6）使用修补工具在折痕周围手动绘制选区，如图 3-42 所示。然后将选区中的图像拖动到周围的相似图像中，如图 3-43 所示。

图 3-42 绘制选区

拖动

图 3-43 拖动选区

（7）再使用相同的方法在另一条折痕图像周围绘制选区，并拖动到周围相似图像中，如图 3-44 所示。按 Ctrl＋D 键取消选区，完成本实例的制作，如图 3-45 所示。

3.2.3　添加彩妆——使用减淡和加深工具

本实例通过减淡工具和加深工具为人物添加彩妆。减淡工具和加深工具的作用如下：

图 3-44　绘制选区

图 3-45　完成效果

- 减淡工具：可以快速增加图像中特定区域的亮度。
- 加深工具 ：与减淡工具相反，通过降低图像的曝光度来降低图像的亮度。

本实例为人物面部添加彩妆的前后对比图像效果如图 3-46 所示。

(a) 上妆前

(b) 上妆后

图 3-46　上妆前后的照片

素材	\素材\第 3 章\3.2\睡美人.jpg
效果	\效果\第 3 章\3.2\彩妆.psd
视频	\视频\第 3 章\3.2\添加彩妆.mp4

操作要点：

使用加深工具和减淡工具对图像进行处理时，首先要对属性栏中的各选项进行设置，然后再调整画笔大小，对图像进行涂抹即可。

操作步骤：

（1）打开素材图像"睡美人.jpg"，如图 3-47 所示。通过减淡工具和加深工具对人物面部添加彩妆。

（2）选择加深工具 ，在属性栏中设置画笔大小为 125，选择"中间调"选项，再设置曝光度为 19％，然后对人物的两腮进行涂抹，加深图像色调，得到腮红效果，如图 3-48 所示。

参数详解：

加深工具属性栏中的各项含义如下：

图 3-47 打开素材图像

拖动

图 3-48 加深图像

- 范围：用于设置图像颜色降低亮度的范围，其下拉列表中有三个选项。"中间调"
  表示更改图像中颜色呈灰色显示的区域；"阴影"表示更改图像中颜色显示较暗区
  域；"高光"表示只对图像颜色显示较亮区域进行更改。
- 曝光度：用于设置应用画笔时的力度。
- 保护色调：选择该复选框可以保护所调整图像范围的颜色。

（3）按 [键缩小画笔，在人物眼睛周围进行涂抹，得到眼影效果，如图 3-49 所示。

（4）选择减淡工具 ，在属性栏中设置画笔大小为 80，"曝光度"为 90%，然后在人
物两腮上方适当涂抹，得到高光图像，如图 3-50 所示。

图 3-49 得到眼影

涂抹

图 3-50 提取高光

技巧提示：

这里提取面部高光是为了让人物脸部显得更加立体化。

（5）继续使用减淡工具，在属性栏中设置"曝光度"为 50%，对人物唇部进行涂抹，得
到唇部的高光效果，如图 3-51 所示。

（6）在"图层"面板中新建一个图层，并设置图层混合模式为"滤色"。选择画笔工具，
设置颜色为深红色（R139，G22，B22），对唇部图像进行涂抹，添加唇彩，完成本实例的操
作，如图 3-52 所示。

技巧提示：

减淡工具 的作用与加深工具相反，通过提高图像的曝光度来增加图像的亮度。

图 3-51　使用减淡工具　　　　　　　　　　图 3-52　添加唇彩

3.2.4　制作炊烟袅袅——使用模糊、锐化和涂抹工具

本实例通过模糊工具、锐化工具和涂抹工具来为图像制作炊烟袅袅的效果。模糊工具、锐化工具和涂抹工具的作用如下：

- 模糊工具 ：可以对鼠标拖动的图像进行模糊处理，使图像中的色彩过渡平滑，从而使图像产生模糊的效果。
- 锐化工具 ：可以起到保护图像细节的作用。
- 涂抹工具 ：可以模拟在湿的颜料画布上涂抹而使图像产生变形效果。如果图像在颜色与颜色之间的边界生硬，或颜色与颜色之间过渡不好，可以使用涂抹工具将过渡颜色柔和化。

本实例在田园风光中制作炊烟袅袅的效果如图 3-53 所示。

图 3-53　炊烟效果

素材	\素材\第 3 章\3.2\田园风光.jpg
效果	\效果\第 3 章\3.2\炊烟袅袅.psd
视频	\视频\第 3 章\3.2\制作炊烟袅袅.mp4

操作要点：

模糊、锐化和涂抹工具都需要多次对图像进行涂抹才能起到明显的效果。在设置画

笔属性时可以调整"强度"参数,数值越大效果就越明显。

操作步骤:

(1)打开素材图像"田园风光.jpg",如图 3-54 所示,模糊部分图像,并制作出炊烟效果。

(2)选择工具箱中的模糊工具 ,在属性栏中设置画笔大小为 250,"强度"为 50%,然后对画面中的房子和树林做涂抹,模糊部分图像,如图 3-55 所示。

图 3-54 打开素材图像

图 3-55 模糊图像

参数详解:

模糊工具属性栏中的各项含义如下:

• 模式:用于选择模糊图像的模式。

• 强度:用于设置模糊的压力程度。数值越大,效果越明显;数值越小,效果越弱。

(3)选择工具箱中的锐化工具 ,在属性栏中设置画笔大小为 300,"强度"为 50%,对图像中的草丛进行涂抹,使前面的草丛图像显得更加清晰,如图 3-56 所示。

(4)新建一个图层,选择画笔工具,设置前景色为白色,然后在房屋上方随意绘制多条白色曲线,如图 3-57 所示。

图 3-56 锐化图像

图 3-57 模糊图像

技巧提示:

在锐化工具属性栏中选择"保护细节"复选框可以在涂抹图像的时候保护图像的细节。

(5)选择涂抹工具 ,在属性栏中设置画笔大小为 90,"强度"为 50%,然后对左边的白色线条图像进行反复涂抹,得到炊烟效果,如图 3-58 所示。

(6)适当调整画笔大小,继续对右侧的白色图像进行涂抹,在涂抹的过程中要注意变换画笔方向,得到炊烟效果,如图 3-59 所示,完成本实例的操作。

图 3-58 使用涂抹工具

图 3-59 完成效果

3.2.5 制作双胞胎——使用图章工具组

本实例通过仿制图章工具 和图案图章工具 制作双胞胎效果。在 Photoshop 中,用户对图像的修饰与编辑操作用处非常大,其中复制图像可以制作出多种特殊效果。

- 仿制图章工具 :可以将图像复制到其他位置或是不同的图像中。
- 图案图章工具 :可以将 Photoshop 自带的图案或自定义的图案填充到图像中,相当于使用画笔工具绘制图案一样。

本实例制作的双胞胎效果如图 3-60 所示。

图 3-60 双胞胎效果

素材	\素材\第 3 章\3.2\卡通背景.jpg、可爱宝宝.jpg
效果	\效果\第 3 章\3.2\可爱双胞胎.psd
视频	\视频\第 3 章\3.2\可爱双胞胎.mp4

操作要点:

使用仿制图章工具能够对图像进行复制,需要先选择所需的图像,然后调整画笔大小,在所需的位置单击得到复制的图像。

操作步骤：

（1）打开素材图像"卡通背景.jpg"和"可爱宝宝.jpg"，如图 3-61 和图 3-62 所示。下面在卡通背景中复制双胞胎效果。

图 3-61　卡通背景

图 3-62　可爱宝宝

（2）选择"可爱宝宝"图像文件，在工具箱中选择仿制图章工具 ，其工具属性栏如图 3-63 所示。

图 3-63　仿制图章工具属性栏

参数详解：

仿制图章工具属性栏中的各项含义如下：

- 对齐：选择该复选框可以让复制生成的图像具有连续性。
- 样本：在其下拉列表中可以选择复制生成图像是否应用到所有可见图层中。

（3）在属性栏中设置画笔大小为 125 像素，按住 Alt 键在宝宝的脸部图像中单击，得到取样的图像，如图 3-64 所示。

（4）选择"卡通背景"图像文件，在图像右上方按住鼠标左键适当拖动即可复制出刚刚取样的图像，如图 3-65 所示。

图 3-64　取样图像

———单击

图 3-65　复制图像

（5）再一次在宝宝图像中单击取样，然后在卡通图像中继续涂抹，复制出另一个宝宝图像，得到双胞胎效果，如图 3-66 所示。

（6）选择图案图章工具 ，在属性栏中单击"图案拾色器"右侧的三角形按钮 ，在弹出的面板中选择"彩色纸"命令，如图 3-67 所示。

图 3-66 复制图像

图 3-67 选择图案选项

（7）在弹出的对话框中单击"追加"按钮，然后选择最下方的"白色木质纤维纸"，如图 3-68 所示。

（8）设置好图案后，在卡通图像边缘处做涂抹，得到图案效果，如图 3-69 所示。

图 3-68 选择图案

图 3-69 绘制边框

（9）选择横排文字工具，在图像右下方输入两行文字并填充为深蓝色（R35，G102，B192），如图 3-70 所示，完成本实例的制作。

图 3-70 输入文字

技巧提示：

选择图案图章工具后，选中属性栏中的"印象派效果"复选框，可以使填充后的图案产生艺术效果，但该艺术效果为随机产生。

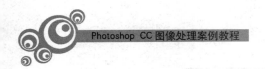

3.2.6 制作手机广告——使用橡皮擦工具组

本实例通过橡皮擦工具组制作一个手机广告。使用橡皮擦工具组可以将不需要的图像擦除，保留需要的部分，在擦除的同时还可以使图像产生一些特殊效果。

- 橡皮擦工具 ：主要用来擦除当前图像中的颜色。选择橡皮擦工具后，可以在图像中拖动鼠标，根据画笔形状对图像进行擦除，擦除后图像将不可恢复。
- 背景橡皮擦工具 ：与橡皮擦工具相比，使用背景橡皮擦工具可以将图像擦除到透明色。
- 魔术橡皮擦工具 ：一种根据像素颜色来擦除图像的工具。用魔术橡皮擦工具在图层中点击时，所有相似的颜色区域被擦掉而变成透明的区域。

本实例制作的手机广告效果如图 3-71 所示。

图 3-71 手机广告

素材	\素材\第 3 章\3.2\蓝色背景.jpg、手机.jpg
效果	\效果\第 3 章\3.2\手机广告.psd
视频	\视频\第 3 章\3.2\制作手机广告.mp4

操作要点：

本例主要使用橡皮擦工具，该工具主要用于擦除图像。在属性栏中调整"不透明度"参数后擦除图像，可以得到透明图像效果。

操作步骤：

（1）打开素材图像"手机.jpg"，如图 3-72 所示，首先擦除手机的背景图像。

（2）选择工具箱中的背景橡皮擦工具 ，在工具属性栏中设置画笔大小为 80 像素，"容差"为 10%，然后对白色背景进行涂抹，如图 3-73 所示。

参数详解：

背景橡皮擦工具属性栏中的各项含义如下：

图 3-72 素材图像

图 3-73 使用背景橡皮擦工具

- ▨（连续）：单击该按钮，在擦除图像过程中将连续地采集取样点。
- ▨（一次）：单击该按钮，将第一次单击位置的颜色作为取样点。
- ▨（背景色板）：单击该按钮，将当前背景色作为取样色。
- 限制：单击右侧的三角按钮，打开下拉列表，其中"不连续"是指整修图像上擦除样本色彩的区域；"连续"是指只被擦除连续的图像样本色彩区域；"查找边缘"是指自动查找与取样色彩区域连接的边界，也能在擦除过程中更好地保持边缘的锐化效果。
- 容差：用于调整需要擦除的与取样点色彩相近的颜色范围。
- 保护前景色：选择此选项，可以保护图像中与前景色一致的区域不被擦除。

（3）继续对背景图像应用擦除，直至将白色背景全部擦除。然后打开"蓝色背景.jpg"图像，使用移动工具将手机图像移动到蓝色背景中，如图 3-74 所示。

（4）按 Ctrl＋J 键复制一次手机图层，然后选择"编辑"→"变换"→"垂直翻转"命令，使用移动工具将翻转后的图像放到下方，如图 3-75 所示。

图 3-74 移动到蓝色背景中

图 3-75 复制并翻转图像

（5）选择橡皮擦工具，在工具属性栏中设置画笔大小为 250 像素，"不透明度"为 55％，对翻转的手机图像进行涂抹，越下面涂抹的越多，也显得越透明，如图 3-76 所示。

（6）选择横排文字工具，在手机左右两侧分别输入文字并填充为白色，适当调整文字大小，如图 3-77 所示，完成本实例的制作。

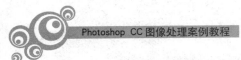

图 3-76 使用橡皮擦工具　　　　　　　　图 3-77 输入文字

参数详解：

橡皮擦工具属性栏中的各项含义如下：

- 模式：单击其右侧的三角按钮，在下拉列表中可以选择画笔、铅笔和块三种擦除模式。
- 不透明度：设置参数可以直接改变擦除时图像的透明程度。
- 流量：数值越小，擦除图像的时候画笔压力越小，擦除的图像将透明显示。
- 抹到历史记录：选中此复选框，可以将图像擦除至"历史记录"面板中恢复点外的图像效果。

3.3 拓展知识

在 Photoshop 中，除了前面介绍的绘图工具外，还可以使用形状工具组中的各个工具进行图形的绘制。其中包括矩形工具、圆角矩形工具、椭圆工具、多边形工具、直线工具和自定义形状工具，如图 3-78 所示。

3.3.1 矩形工具

图 3-78 形状工具组

使用矩形工具可以绘制任意方形或具有固定长宽的矩形形状，并且可以根据属性栏中的选项绘制出具有特殊样式的矩形，其对应的工具属性栏如图 3-79 所示。

图 3-79 矩形工具属性栏

参数详解：

矩形工具属性栏中各选项的含义如下：

- 绘图方式 路径 ：在此下拉菜单中选择"路径"选项可以直接绘制路径；选择"形状"选项可以在绘制图形的同时创建一个形状图层，在"图层"面板中将显示形状图层缩略图，如图3-80和图3-81所示；选择"像素"选项可以在窗口中绘制图像，如同使用画笔工具在图像中填充颜色一样。

图 3-80 绘制路径   图 3-81 形状图层

- "选区"按钮：选择绘图方式为"路径"时绘制出路径，单击"选区"按钮将弹出"建立选区"对话框，如图3-82所示，设置羽化半径和其他选项后单击"确定"按钮，即可将路径转换为选区。

- 工具选项按钮 ：单击属性栏右侧的 按钮可以弹出当前工具的选项面板，在面板中可以绘制具有固定大小和比例的矩形，如同使用矩形选框工具绘制具有固定大小和比例的矩形选区一样。

- "形状"按钮：选择绘图方式为"路径"时绘制出路径，单击"形状"按钮即可将路径直接转换为形状。

- 路径操作 ：选择路径后单击该按钮，在弹出的面板中可以对路径进行合并、减去、相交等操作，如图3-83所示。

图 3-82 "建立选区"对话框   图 3-83 路径操作

- 路径对齐方式 ：选择路径后单击该按钮，在弹出的面板中可以对路径进行各种对齐操作，如图3-84所示。

- 路径排列方式 ：选择路径后单击该按钮，在弹出的面板中可以调整路径的前后排列顺序，如图3-85所示。

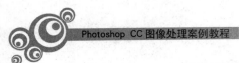

图 3-84　路径对齐方式　　　　　　图 3-85　路径排列方式

技巧提示：

形状工具绘制出的都是路径图形、矢量图形，在绘制之前单击属性栏中的"路径"按钮，绘制好图形后，可以选择钢笔工具组中的编辑工具对其进行变换。

3.3.2　圆角矩形工具

使用圆角矩形工具可以绘制具有圆角半径的矩形形状，其工具属性栏与矩形工具相似，只是增加了一个"半径"文本框，用于设置圆角矩形的圆角半径的大小，如图 3-86 所示，绘制的图形如图 3-87 所示。

图 3-86　工具属性栏

图 3-87　圆角矩形形状

3.3.3　椭圆工具

使用椭圆工具可以绘制正圆或椭圆形状，它与矩形工具对应工具属性栏中的参数设置相同，如图 3-88 所示，绘制的图形如图 3-89 所示。

82

图 3-88　工具属性栏

图 3-89　椭圆形状

3.3.4　多边形工具

使用多边形工具可以绘制具有不同边数的多边形形状，其工具属性栏如图 3-90 所示，绘制的图形如图 3-91 所示。

图 3-90　工具属性栏

图 3-91　多边形形状

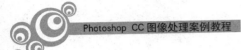

参数详解：

多边形工具属性栏中各选项的含义如下：

- 边：在此输入数值，可以确定多边形的边数或星形的顶角数。
- 半径：用来定义星形或多边形的半径。
- 平滑拐角：选择该复选框后，所绘制的星形或多边形具有圆滑型拐角。
- 星形：选择该复选框后，即可绘制星形形状。
- 缩进边依据：用来定义星形的缩进量，当选择"星形"选项时可以使用，图 3-92 和图 3-93 所示为不同缩进量时绘制的星形形状。
- 平滑缩进：选择"星形"选项时可以使用，选择该复选框后所绘制的星形能尽量保持平滑。

图 3-92　缩进量为 50%

图 3-93　缩进量为 80%

3.3.5　直线工具

使用直线工具可以绘制具有不同粗细的直线形状，还可以根据需要为直线增加单向或双向箭头，其工具属性栏如图 3-94 所示。

图 3-94　工具属性栏

参数详解：

直线工具属性栏中各选项的含义如下：

- 粗细：用于设置线的宽度。
- 起点/终点：如果要绘制带箭头的直线，则应选中对应的复选框。选中"起点"复选框，表示箭头产生在直线起点，选中"终点"复选框，表示箭头产生在直线末端，如图 3-95 所示。
- 宽度/长度：用来设置箭头的宽度和长度的比例。
- 凹度：用来定义箭头的尖锐程度。

图 3-95　绘制直线形状

3.3.6　自定义形状工具

　　使用自定义工具可以绘制系统自带的不同形状,例如人物、动物和植物等,大大降低了绘制复杂形状的难度。选择自定义工具并在工具属性栏中的"形状"下拉列表中选择一种形状,并设置使用样式、绘制方式和颜色等参数,如图 3-96 所示。然后在图像窗口单击并拖动即可绘制选择的形状,如图 3-97 所示。

图 3-96　选择样式

图 3-97　绘制自定义形状

3.4 课后练习

本章主要讲解了图像的绘制与修饰等相关知识。下面通过相关的实例练习,加深巩固所学的知识。

课后练习 1——绘制月亮

素材	\素材\第 3 章\3.4\水纹背景.jpg
效果	\效果\第 3 章\3.4\绘制月亮.psd

结合本章所学知识,使用画笔工具绘制多个图像,并在"画笔"面板中做详细的设置,绘制出月亮图像,效果如图 3-98 所示。

图 3-98　图像效果

本实例的步骤分解如图 3-99 所示。

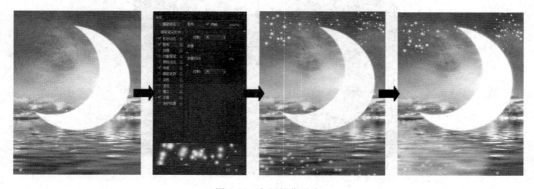

图 3-99　实例操作思路

操作提示：

（1）打开素材图像"水纹背景.jpg"，选择椭圆选框工具，通过减选操作绘制一个月牙图像，填充为白色。

（2）选择画笔工具，在"散布"和"形状动态"选项中设置画笔，然后在图像上下两处绘制出大小不一的白色圆点图像。

（3）使用画笔工具在图像底部绘制一个白色图像，然后使用橡皮擦工具，在属性栏中设置不透明度为 50％，对图像进行擦除，得到透明图像效果。

课后练习 2——绘制卡通草莓

素材	\素材\第 3 章\3.4\草莓图像.jpg
效果	\效果\第 3 章\3.4\卡通草莓.psd

结合本章所学知识，使用仿制图章工具复制草莓图像，并适当调整复制的图像大小，效果如图 3-100 所示。

图 3-100　图像效果

本实例的步骤分解如图 3-101 所示。

图 3-101　实例操作思路

操作提示：

（1）打开素材图像"草莓图像.jpg"，选择仿制图章工具，在属性栏中设置画笔大小为 300，然后在图像中按住 Alt 键单击草莓图像进行复制。

（2）在图像右侧空白处单击，涂抹后得到复制的图像。

（3）使用同样的方法复制出绿色水泡图像。

第 4 章　图像色彩的调整

■ 学习目标

本章主要讲述图像中各种颜色的调整,其中包括使用"色阶"和"曲线"命令调整图像明暗度,使用"色彩平衡"命令和"色相/饱和度"命令调整图像色调,以及使用"替换颜色"和"色调分离"命令调整特殊图像颜色等知识。通过相关知识点的学习和多个案例的制作,可初步了解并掌握每一种调整颜色命令的应用,以及如何综合运用各种命令对颜色做调整。

■ 重点内容

- 使用"色阶"和"曲线"命令;
- 使用"色彩平衡"命令;
- 使用"色相/饱和度"命令;
- 使用"黑白"命令;
- 使用"匹配颜色"命令;
- 使用"替换颜色"命令;
- 使用"反相"和"阈值"命令;
- 使用"色调分离"命令;
- 使用"变化"命令。

■ 案例效果

4.1　自定义调整图像色彩

在对图像颜色调整的过程中,常会遇到一些图像颜色有少许偏差的问题,这就需要在 Photoshop 中对颜色进行矫正,下面介绍调整图像色调的方法。

4.1.1　调整照片明亮度——使用"色阶"和"曲线"命令

本实例使用"色阶"和"曲线"命令调整照片的明亮度,这两个命令能够在细节上对图像亮度做调整。

- "色阶"命令:主要用来调整图像中颜色的明暗度。它能对图像的阴影、中间色调和高光的强度做调整。这个命令不仅可以对整个图像进行操作,还可以对图像的某一选取范围、某一图层图像,或者某一个颜色通道进行操作。
- "曲线"命令:在图像色彩的调整中广泛使用,它可以对图像的色彩、亮度和对比度进行综合调整,并且在从暗调到高光这个色调范围内对多个不同的点进行调整。

下面调整夜景图像明亮度,调整的前后效果对比如图 4-1 所示。

(a) 原图　　　　　　　　　　　　　　　　　(b) 调整后

图 4-1　调整照片明亮度

素材	\素材\第 4 章\4.1\夜景.jpg
效果	\效果\第 4 章\4.1\照片明亮度.psd
视频	\视频\第 4 章\4.1\调整照片明亮度.mp4

操作要点:

针对夜景图像做调整,在调整过程中主要注意调整图像的整体亮度,然后再针对细节进行调整,让整个夜景显得更有层次感。

操作步骤:

(1) 打开素材图像"夜景.jpg",如图 4-2 所示,可以看到整个图像较暗,需要调整整体亮度和细节亮度。

(2) 选择"图像"→"调整"→"色阶"命令,打开"色阶"对话框,将右边的三角形滑块向

Photoshop CC 图像处理案例教程

左移动,加强照片整体暗部色调,如图 4-3 所示。

图 4-2　打开素材图像

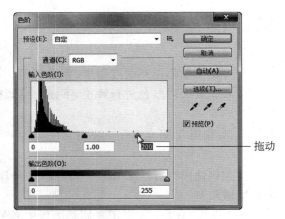
拖动

图 4-3　调整图像整体亮度

参数详解:

"色阶"对话框中的各项含义如下:

- "通道"下拉列表框:用于设置要调整的颜色通道。它包括了图像的色彩模式和原色通道,用于选择需要调整的颜色通道。
- "输入色阶"文本框:从左至右分别用于设置图像的暗部色调、中间色调和亮部色调,可以在文本框中直接输入相应的数值,也可以拖动色调直方图底部滑条上的三个滑块来做调整。
- "输出色阶"文本框:用于调整图像的亮度和对比度,范围为 0~255;右边的文本框用来降低亮部的亮度,范围为 0~255。
- "自动"按钮:单击该按钮可自动调整图像中的整体色调。
- "选项"按钮:单击该按钮打开"自动颜色校正选项"对话框,可以设置暗调、中间值的切换颜色,以及设置自动颜色校正的算法。
- 吸管工具组:使用黑色吸管工具 单击图像,可使图像变暗;使用中间色调吸管工具 单击图像,将用吸管单击处的像素亮度来调整图像所有像素的亮度;使用白色吸管工具 单击图像,图像上所有像素的亮度值都会加上该吸取色的亮度值,使图像变亮。
- "预览":选中该复选框,在图像窗口中可以预览图像调整后的效果。

(3) 选择中间的三角形滑块向左拖动,增强明度,如图 4-4 所示。单击"确定"按钮,效果如图 4-5 所示。

(4) 选择"图像"→"调整"→"曲线"命令,打开"曲线"对话框,将光标置于调整节线的右上方,然后单击增加一个调节点,如图 4-6 所示。

(5) 按住鼠标左键向上方拖动添加的调节点,可提升图像整体亮度,如图 4-7 所示。

(6) 在曲线下方再增加一个调节点,然后向下拖动,增强图像对比度,如图 4-8 所示。

(7) 单击"确定"按钮完成操作,得到调整后的图像,效果如图 4-9 所示。

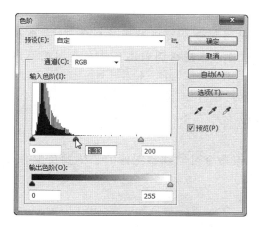

图 4-4　增强明度

图 4-5　图像效果

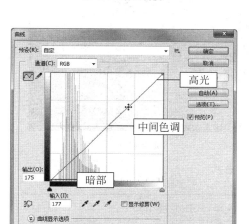

图 4-6　添加调节点

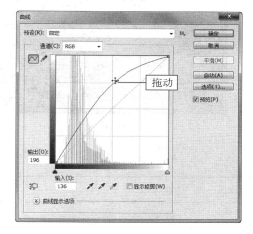

图 4-7　调整亮度

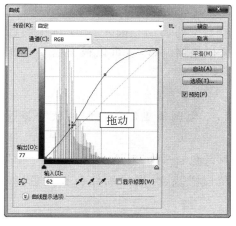

图 4-8　向下拖动调节点

图 4-9　完成效果

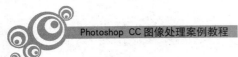

技巧提示：

"曲线"命令在图像色彩的调整中使用广泛，使用该命令可以对图像的色彩、亮度和对比度进行综合调整。与"色阶"命令不同的是，它可以在从暗调到高光这个色调范围内对多个不同的点进行调整。

4.1.2　调整照片色彩——使用"色彩平衡"命令

本实例使用"色彩平衡"命令调整照片色彩。该命令可以调整图像的总体颜色混合，对于有明显偏色的图像可使用该命令进行调整。

下面调整照片色彩，前后对比效果如图 4-10 所示。

(a) 原图　　　　　　　　　　　　　　　　　　(b) 调整后

图 4-10　调整照片色彩

素材	\素材\第 4 章\4.1\小路.jpg
效果	\效果\第 4 章\4.1\照片色彩.psd
视频	\视频\第 4 章\4.1\调整照片色彩.mp4

操作要点：

色彩平衡命令在使用时，需要注意下方的"阴影"、"中间调"和"高光"三个选项的选择，默认情况下选择"中间调"，可以对大部分图像进行色调调整，也可以根据需要选择"阴影"和"高光"选项设置参数。

操作步骤：

（1）打开素材图像"小路.jpg"，如图 4-11 所示，下面调整成偏黄色调的秋季美景效果。

（2）选择"图像"→"调整"→"色彩平衡"命令，打开"色彩平衡"对话框，在"色调平衡"选项区域中选择"中间调"单选按钮，然后拖动三角形滑块，分别添加红色和黄色，如图 4-12 所示。

参数详解：

"色彩平衡"对话框中的各项含义如下：

• "色彩平衡"选项区域：用于在"阴影"、"中间调"或"高光"中添加过渡色来平衡色彩效果,分别对应"色阶"对话框中的暗部色调、中间色调和亮部色调。

图 4-11 打开素材图像

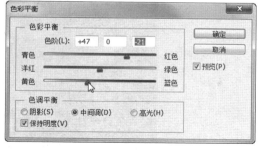

图 4-12 调整中间调

- "色调平衡"选项区域:用于选择需要进行调整的色彩范围。包括"阴影"、"中间调"和"高光"三个单选按钮,选中某一个单选按钮就可对相应色调的像素进行调整。选中"保持明度"复选框,调整色彩时将保持图像亮度不变。

(3)选择"阴影"单选按钮,通过拖动三角形滑块,分别添加红色、绿色和黄色调,如图 4-13 所示。

(4)单击"确定"按钮,得到调整后的图像效果如图 4-14 所示。

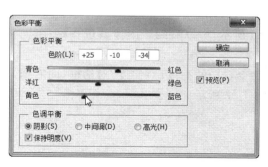

图 4-13 调整阴影色调

图 4-14 图像效果

技巧提示:

使用"色彩平衡"命令可以在图像原色的基础上根据需要来添加其他颜色,或通过增加某种颜色的补色,以减少该颜色的数量,从而改变图像的原色彩。

4.1.3 改善昏暗颜色——使用"亮度/对比度"命令

本实例使用"亮度/对比度"命令调整照片色彩。使用该命令可调整图像的亮度和对比度,从而实现对图像色调的调整。

下面调整照片亮度,图像前后对比效果如图 4-15 所示。

(a) 原图   (b) 调整后

图 4-15 调整照片色彩

素材	\素材\第 4 章\4.1\夏日饮料.jpg
效果	\效果\第 4 章\4.1\照片颜色.psd
视频	\视频\第 4 章\4.1\改善昏暗颜色.mp4

操作要点：

"亮度/对比度"命令可以直接调整整个图像的亮度和对比度，只需在对话框中拖动三角形滑块或输入参数即可。

操作步骤：

(1) 打开素材图像"夏日饮料.jpg"，如图 4-16 所示，可以看到该图像颜色昏暗；下面调整其亮度和对比度。

(2) 选择"图像"→"调整"→"亮度/对比度"命令，打开"亮度/对比度"对话框，向右拖动"亮度"下方的三角形按钮，提升图像亮度，如图 4-17 所示。

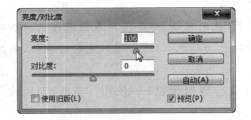

图 4-16 打开素材图像   图 4-17 设置亮度参数

(3) 向右拖动"对比度"下方的三角形按钮，如图 4-18 所示，单击"确定"按钮，得到调整后的图像效果如图 4-19 所示。

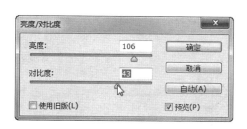

图 4-18　调整对比度参数

图 4-19　图像效果

4.1.4　制作蔬菜汁广告——使用"色相/饱和度"命令

本实例使用"色相/饱和度"命令来制作蔬菜汁广告。使用该命令可以调整图像整体或单个颜色的色相、饱和度和亮度,从而实现图像色彩的改变。当用户在图像中绘制某一选区后,使用"色相/饱和度"命令则只对选区内的图像进行调整。这一局部色彩调整的方法也同样适用于其他色彩调整命令。

下面调整图像色相和饱和度,制作一个蔬菜汁广告,效果如图 4-20 所示。

(a) 原图

(b) 调整后

图 4-20　调整照片色彩

素材	\素材\第 4 章\4.1\蔬菜.jpg
效果	\效果\第 4 章\4.1\蔬菜汁广告.psd
视频	\视频\第 4 章\4.1\制作蔬菜汁广告.mp4

操作要点:

在"色相/饱和度"对话框中调整颜色时,首先要注意选择的是全图还是某一种颜色,这样才能更好地把握图像颜色的调整。

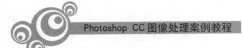

操作步骤：

（1）打开素材图像"蔬菜.jpg"，如图 4-21 所示，调整图像中的色调，制作一个蔬菜汁广告。

（2）选择"图像"→"调整"→"色相/饱和度"命令，打开"色相/饱和度"对话框，在"全图"下拉列表中选择"红色"选项，如图 4-22 所示。

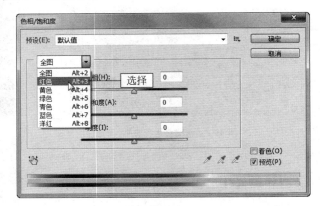

图 4-21　素材图像　　　　　　　　　图 4-22　　"色相/饱和度"对话框

参数详解：

"色相/饱和度"对话框中的各项含义如下：

- 全图：在下拉列表中可以选择作用范围，系统默认选择"全图"选项，即对图像中的所有颜色有效。也可在该下拉列表中选择对单个的颜色有效，有红色、黄色、绿色、青色、蓝色或洋红。
- 色相：通过拖动滑块或输入色相值，可以调整图像中的色相。
- 饱和度：通过拖动滑块或输入饱和值，可以调整图像中的饱和度。
- 明度：通过拖动滑块或输入明度值，可以调整图像中的明度。
- 着色：选中该复选框，可使用同一种颜色来置换原图像中的颜色。

（3）拖动"色相"下面的滑块，使其数值为 33；再拖动"饱和度"下面的滑块，使其数值为 35，如图 4-23 所示。加深红色和饱和度后，可以看到图像中的红色调有了明显的变化，如图 4-24 所示。

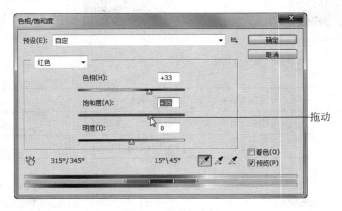

图 4-23　调整红色调　　　　　　　　　图 4-24　图像效果

（4）选择"黄色"选项，调整"色相"参数为 22、"饱和度"为 11，如图 4-25 所示。单击
"确定"按钮，得到调整后的图像效果，增强了黄色调和饱和度，如图 4-26 所示。

图 4-25　调整黄色调

图 4-26　调整后的效果

（5）选择横排文字工具，在图像左侧输入文字内容，并在属性栏中设置字体为微软雅
黑，填充为绿色（R48，G104，B7），如图 4-27 所示，完成本实例的制作。

图 4-27　完成效果

4.1.5　制作老照片——使用"黑白"命令

本实例使用"黑白"命令来创建黑白老照片效果。使用该命令可以直接将彩色图像
转换为黑白图像效果，并通过对话框中的参数调整图像细节，让黑白色调更加有层次感。
该命令还可以为图像添加单一色调效果，制作出高质量的单色调图像。

下面制作一个泛黄老照片效果，如图 4-28 所示。

图 4-28　制作老照片

素材	\素材\第 4 章\4.1\背影.jpg
效果	\效果\第 4 章\4.1\老照片.psd
视频	\视频\第 4 章\4.1\制作老照片.mp4

操作要点：

使用"黑白"命令后，可以直接得到一个黑白图像，用户可以调整黑白图像中的细节，让画面显得更加有层次感。

操作步骤：

（1）打开素材图像"背影.jpg"，如图 4-29 所示，将这张彩色照片转换为黑白照片，再添加泛黄效果。

（2）选择"图像"→"调整"→"黑白"命令，打开"黑白"对话框，图像自动转换为黑白色调，在其中分别调整各种颜色的参数值，从上到下依次为 72、126、70、105、−26、98，如图 4-30 所示。

图 4-29　打开素材图像

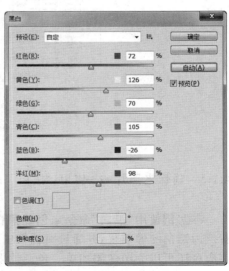

图 4-30　"黑白"对话框

（3）单击"确定"按钮，得到调整后的黑白图像效果，如图 4-31 所示。

（4）按 Ctrl＋J 键复制一次图层，得到图层 1。再次打开"黑白"对话框，选择下方的"色调"复选框，设置"色相"为 42、"饱和度"为 23，如图 4-32 所示。

图 4-31　打开素材图像

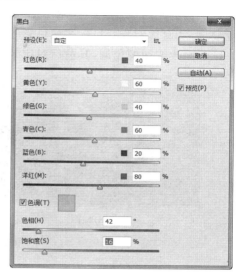

图 4-32　"黑白"对话框

（5）单击"确定"按钮，得到添加淡黄色效果的图像，如图 4-33 所示。

（6）选择橡皮擦工具，在属性栏中设置"不透明度"为 50％，然后适当擦除部分图像，让老照片的泛黄效果显得更加真实，如图 4-34 所示，完成本实例的制作。

图 4-33　图像效果

图 4-34　完成效果

4.2　图像色彩的特殊调整

在 Photoshop 中，对图像颜色的调整有许多种方法，对于一些特殊色彩，可以通过"匹配颜色"、"替换颜色"、"可选颜色"、"反相"和"色调分离"等命令进行编辑，从而得到更加奇妙的效果。

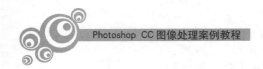

4.2.1 改变图像色调——使用"匹配颜色"命令

本实例使用"匹配颜色"命令来改变图像色调。使用该命令可以使两张图像色彩进行混合,从而达到改变目标图像色彩的目的。

下面改变图像色调,其前后对比效果如图 4-35 所示。

(a) 原图

(b) 调整后

图 4-35　改变图像色调

素材	\素材\第 4 章\4.2\落日.jpg、绿色背景.jpg
效果	\效果\第 4 章\4.2\图像色调.psd
视频	\视频\第 4 章\4.2\改变图像色调.mp4

操作要点:

"匹配颜色"命令必须准备图像进行颜色匹配,利用两张颜色的混合来调整需要处理的照片,所以在调整之前就要有针对性地选择图片。

操作步骤:

(1)打开素材图像"落日.jpg",如图 4-36 所示,再打开"绿色背景.jpg"素材图像,如图 4-37 所示,用这两张图像来匹配颜色,改变"落日"图像的色调。

图 4-36　落日图像

图 4-37　绿色背景

(2)选择"落日"图像,然后选择"图像"→"调整"→"匹配颜色"命令,打开"匹配颜色"对话框,在"源"下拉列表中选择"绿色背景"图像,如图 4-38 所示。

(3)在"图像选项"选项区域中选择"中和"复选框,然后分别调整"明亮度"、"颜色强度"和"渐隐"等参数,如图 4-39 所示。

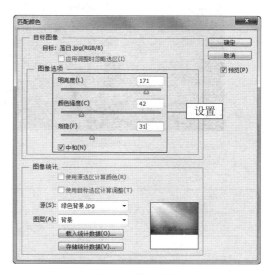

图 4-38　选择匹配的文件　　　　　　　　　图 4-39　设置参数

技巧提示:

使用"匹配颜色"命令可以使作为源的图像色彩与作为目标的图像进行混合,从而达到改变目标图像色彩的目的。

(4)单击"确定"按钮,得到匹配颜色后的图像效果如图 4-40 所示。

图 4-40　完成效果

4.2.2　制作薰衣草效果——使用"替换颜色"和"可选颜色"命令

本实例使用"替换颜色"和"可选颜色"命令来制作出薰衣草图像效果。

- "替换颜色"命令:可以改变图像中某些区域颜色的色相、饱和度、明暗度,从而达到改变图像色彩的目的。
- "可选颜色"命令:主要用于调整图像中的色彩不平衡问题,可以针对图像中的某种颜色进行修改。

下面制作薰衣草图像,其前后对比效果如图 4-41 所示。

(a) 原图

(b) 薰衣草效果

图 4-41　图像效果

素材	\素材\第 4 章\4.2\童年.jpg
效果	\效果\第 4 章\4.2\薰衣草效果.psd
视频	\视频\第 4 章\4.2\制作薰衣草效果.mp4

操作要点:

在调整图像颜色时,可以结合多个命令进行。"替换颜色"和"可选颜色"命令都是针对图像中的某一种颜色进行调整,所以可以结合起来使用,得到最佳图像效果。

操作步骤:

(1) 打开素材图像"童年.jpg",如图 4-42 所示,可以看到图像中的草地为绿色,下面将其改变为紫色。

(2) 选择"图像"→"调整"→"替换颜色"命令,打开"替换颜色"对话框,使用吸管工具单击预览图中上方的绿色草地区域,然后设置"颜色容差"为 154,确定颜色区域,如图 4-43 所示。

图 4-42　打开素材图像

图 4-43　设置颜色区域

（3）设置"替换"选项区域中的各选项参数分别为－169,37,0,如图 4-44 所示。单击"确定"按钮,得到的图像效果如图 4-45 所示。

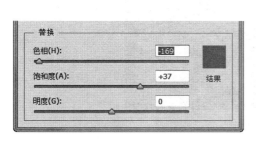

图 4-44　设置参数

图 4-45　图像效果

（4）选择"图像"→"调整"→"可选颜色"命令,打开"可选颜色"对话框,在"颜色"下拉列表中选择"黄色",选中"绝对"单选按钮,然后设置各项参数分别为－70,100,100,0,如图 4-46 所示。

（5）选择"绿色",分别设置参数为－91,100,－86,0,如图 4-47 所示,将周围的绿色草地也变成淡紫色效果。

图 4-46　设置参数

图 4-47　图像效果

技巧提示：

在"可选颜色"对话框中,可在其下方的"方法"选项组中选择增减颜色模式,选择"相对"单选按钮,按 CMYK 总量的百分比来调整颜色;选择"绝对"单选按钮,按 CMYK 总量的绝对值来调整颜色。

（6）单击"确定"按钮回到画面中,完成本实例的制作,如图 4-48 所示。

4.2.3　制作版画效果——使用"反相"和"阈值"命令

本实例使用"反相"和"阈值"命令来制作版画图像效果。将多种命令结合起来使用能够得到更加精彩的图像。

图 4-48　完成效果

- "反相"命令：能够将图像中的颜色信息反转，常用于制作胶片的效果。使用该命令可以创建边缘蒙版，以便向图像的选定区域应用锐化和其他调整。当再次使用该命令时即可还原图像颜色。
- "阈值"命令：可以将图像转换为高对比度的黑白图像，很适合用来制作版画效果。

下面使用两种命令制作一个版画效果，其图像效果如图 4-49 所示。

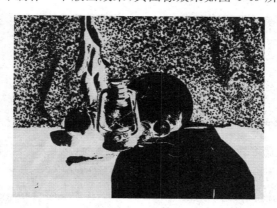

图 4-49　版画效果

素材	\素材\第 4 章\4.2\静物.jpg
效果	\效果\第 4 章\4.2\版画效果.psd
视频	\视频\第 4 章\4.2\制作版画效果.mp4

操作要点：

"反相"命令可以将图像直接转变为底片效果，结合其他命令就可以制作出非常有特色的图像效果。这里使用阈值命令与其相结合，得到版画效果。

操作步骤：

(1) 打开素材图像"静物.jpg"，如图 4-50 所示，为该图像制作版画效果。

(2) 按 Ctrl＋J 键复制图层，得到图层 1。选择"图像"→"调整"→"反相"命令，或按

Ctrl＋I键即可得到反相图像效果，如图4-51所示。

图 4-50　打开素材图像

图 4-51　反相图像

（3）在"图层"面板中设置图层1的"不透明度"为75％，选择"图像"→"调整"→"阈值"命令，打开"阈值"对话框，设置"阈值色阶"参数为168，如图4-52所示。

（4）单击"确定"按钮，得到版画效果，如图4-53所示，完成本实例的操作。

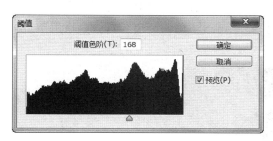

图 4-52　"阈值"对话框

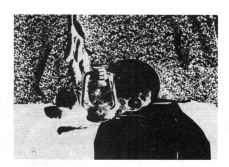

图 4-53　版画效果

4.2.4　制作艺术画——使用"色调分离"和"变化"命令

本实例使用"色调分离"和"变化"命令为图像添加艺术色调。

- "色调分离"命令：可以指定图像中每个通道的色调级（或亮度值）的数目，然后将像素映射为最接近的匹配级别。
- "变化"命令：可直观地调整图像或选区，让图像中的色彩平衡、对比度和饱和度发生变化。"变化"命令不需要精确调整某一种颜色，而只需要调整平均色调的图像，但是该命令不能在索引颜色图像和16位/通道图像上应用。

下面使用"色调分离"和"变化"命令制作一个艺术画效果，其图像效果如图4-54所示。

素材	\素材\第4章\4.2\鲜花.jpg
效果	\效果\第4章\4.2\艺术画.psd
视频	\视频\第4章\4.2\制作艺术画.mp4

图 4-54　艺术画效果

操作要点：

"色调分离"命令非常简单，只需设置色阶参数即可产生图像分层效果。再添加其他颜色调整命令，就可以制作出特殊图像效果。

操作步骤：

（1）打开素材图像"鲜花.jpg"，如图 4-55 所示，为该图像制作出艺术效果。

（2）选择"图像"→"调整"→"色调分离"命令，打开"色调分离"对话框，设置"色阶"为5，如图 4-56 所示。

图 4-55　打开素材图像

图 4-56　"色调分离"对话框

（3）单击"确定"按钮，得到色调分离的图像效果，如图 4-57 所示。

图 4-57　色调分离效果

（4）选择"图像"→"调整"→"变化"命令，打开"变化"对话框，分别单击"加深黄色"、"加深绿色"和"加深青色"，如图4-58所示。

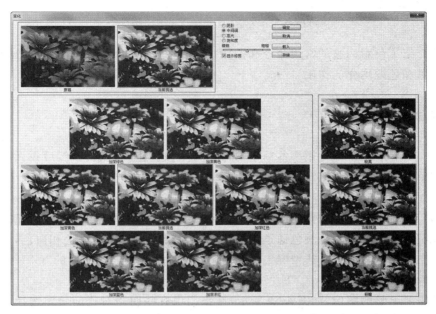

图 4-58 "变化"对话框

参数详解：

"变化"对话框中的各项含义如下：

- 阴影：可以对图像中的阴影区域进行调整。
- 中间色调：可以对图像中的中间色调区域进行调整。
- 高光：可以对图像中的高光区域进行调整。
- 饱和度：可以调整图像的饱和度。

（5）单击"确定"按钮，得到调整颜色后的图像效果如图4-59所示。

图 4-59 完成效果

4.3　拓展知识

前面介绍了色彩调整的常用命令和操作,下面继续介绍自动矫正图像颜色、曝光度、通道混合器和色调均化的作用。

4.3.1　自动矫正图像颜色

在 Photoshop 中可以运用一些简单的命令为图像快速调整颜色,然后再做精细的颜色参数调整。下面分别介绍"自动色调"、"自动对比度"和"自动颜色"命令的作用。

1. "自动色调"命令

使用"自动色调"命令可以自动调整图像中的高光和暗调,使图像有较好的层次效果。"自动色调"命令将每个颜色通道中的最亮和最暗像素定义为黑色和白色,然后按比例重新分布中间像素值。默认情况下,该命令会剪切白色和黑色像素的 0.5% 来忽略一些极端的像素。

打开需要调整的图像,如图 4-60 所示,这张图像有些明暗对比问题。选择"图像"→"自动色调"命令,软件自动调整图像的明暗度,去除图像中不正常的高亮区和黑暗区,效果如图 4-61 所示。

图 4-60　原图像　　　　　　　　　　　图 4-61　调整后的图像

2. "自动对比度"和"自动颜色"命令

"自动对比度"命令不仅能自动调整图像的明暗对比度,还能快速调整图像的色彩饱和度对比。该命令是通过剪切图像中的阴影和高光值,并将图像剩余部分的最亮和最暗像素映射到色阶为 255(纯白)和色阶为 0(纯黑)的程度,让图像中的高光看上去更亮,阴影看上去更暗。

"自动颜色"命令是通过搜索图像来调整图像的对比度和颜色。自动颜色命令使用两种算法:"查找深色与浅色"和"对齐中性中间调"。可设置"对齐中性中间调",并剪切白色和黑色极端像素。与"自动色调"和"自动对比度"一样,使用"自动颜色"命令后,系统会自动调整图像颜色。

4.3.2 曝光度

"曝光度"命令主要用于调整 HDR 图像的色调,也可用于 8 位和 16 位图像。"曝光度"是通过在线性颜色空间(灰度系数为 1.0)而不是当前颜色空间执行计算而得出的。

选择"图像"→"调整"→"曝光度"命令,打开"曝光度"对话框,如图 4-62 所示。

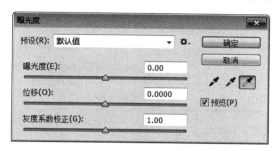

图 4-62 "曝光度"对话框

参数详解:

"曝光度"对话框中各选项含义如下:

- "预设"下拉列表框:该下拉列表中有 Photoshop 默认的几种设置,可以进行简单的图像调整。
- "曝光度"栏:用于调整色调范围的高光端,对极限阴影的影响很轻微。
- "位移"栏:用于调整阴影和中间调变暗,对高光的影响很轻微。
- "灰度系数校正"栏:使用简单的乘方函数调整图像灰度系数。处于负值时会被视为它们的相应正值,也就是说,虽然这些值为负,但仍然会像正值一样被调整。

操作步骤:

(1)打开一幅需要调整曝光度的图像文件,如图 4-63 所示。

(2)选择"图像"→"调整"→"曝光度"命令,打开"曝光度"对话框,分别调整"曝光度"、"位移"和"灰度系数校正"的参数为 0.5,−0.16,1.00,如图 4-64 所示。

图 4-63 素材文件

(3)单击"确定"按钮,得到调整后的图像效果如图 4-65 所示。

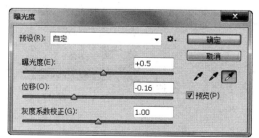

图 4-64 调整图像曝光度

图 4-65 调整后的图像

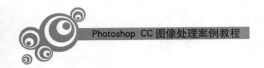

4.3.3　通道混合器

使用"通道混合器"命令可以对图像中不同通道的颜色进行混合,从而达到改变图像色彩的目的。选择"图像"→"调整"→"通道混和器"命令,打开"通道混合器"对话框,如图 4-66 所示。

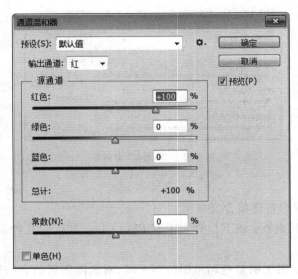

图 4-66　"通道混合器"对话框

参数详解:

"通道混合器"对话框中各选项含义如下:

- "输出通道"下拉列表框:用于选择进行调整的通道。
- "源通道"选项区域:通过拖动滑块或输入数值来调整源通道在输出通道中所占的百分比值。
- "常数"栏:通过拖动滑块或输入数值来调整通道的不透明度。
- "单色"复选框:将图像转变成只含灰度值的灰度图像。

操作步骤:

(1)打开一幅需要调整通道颜色的图像文件,如图 4-67 所示。

(2)选择"图像"→"调整"→"通道混合器"命令,打开"通道混合器"对话框,在"输出通道"下拉列表中选择红色通道,然后设置各源通道颜色参数为 0、+100、−100,如图 4-68 所示。

图 4-67　素材图像

(3)单击"确定"按钮即可改变选择通道中的颜色,如图 4-69 所示。

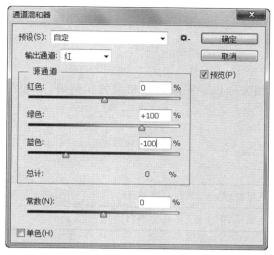

图 4-68　调整红色通道

图 4-69　调整后的效果

技巧提示：

在 Photoshop 中处理图像色彩时，通常需要先将图像设置为 RGB 模式，只有在这种模式下才能使用所有的色彩调整命令。

4.3.4　色调均化

使用"色调均化"命令能重新分布图像中各像素的亮度值，以便更均匀地呈现所有范围的亮度级。选择"色调均化"命令后，图像中的最亮值呈现为白色，最暗值呈现为黑色，中间值则均匀地分布在整个图像灰度色调中。例如选择"图像"→"调整"→"色调均化"命令，可以将图 4-70 所示的图像转换为图 4-71 所示的效果。

图 4-70　原图像

图 4-71　色调均化后的效果

技巧提示：

使用"色调均化"命令产生的效果与使用"自动色阶"命令类似，所以用户在调整图像颜色时可以灵活使用该功能。

4.4 课后练习

本章主要讲解了图像的色彩调整等相关知识。下面通过相关的实例练习,加深巩固所学的知识。

课后练习 1——为黑白照片上色

素材	\素材\第 4 章\4.4\樱桃.jpg
效果	\效果\第 4 章\4.4\为黑白照片上色.psd

结合本章所学知识,通过"色彩平衡"、"色相/饱和度"、"亮度/对比度"等命令为黑白照片上色,效果如图 4-72 所示。

图 4-72 图像上色前后对比

本实例的步骤分解如图 4-73 所示。

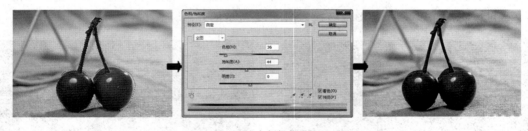

图 4-73 实例操作思路

操作提示:

(1) 选择磁性套索工具沿着水果边缘绘制选区,然后选择"选择"→"反向"命令,得到背景图像选区。

(2) 选择"图像"→"调整"→"色彩平衡"命令,打开"色彩平衡"对话框,选择"着色"复选框,再设置各项参数。

(3) 单击"确定"按钮,得到背景图像的填色效果。

(4) 运用相同的方法对水果图像进行填色处理。

课后练习 2——变换季节

素材	\素材\第 4 章\4.4\大树.jpg
效果	\效果\第 4 章\4.4\变换季节.jpg

结合本章所学知识,通过"色相/饱和度"、"曲线"等命令为调整图像色调上色,达到变换季节的效果,如图 4-74 所示。

图 4-74　图像调整前后对比

本实例的步骤分解如图 4-75 所示。

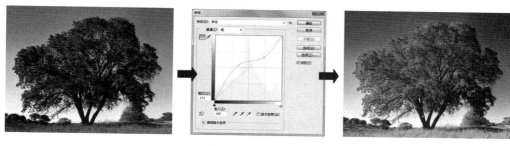

图 4-75　实例操作思路

操作提示:

(1)打开"大树.jpg"图像,选择"图像"→"调整"→"色相/饱和度"命令,打开"色相/饱和度"对话框,将色相调整到 38,再适当降低图像饱和度。

(2)打开"曲线"对话框,在"通道"下拉列表中选择"绿"选项,调整曲线,增加绿色。

(3)单击"确定"按钮,得到调整后的效果。

第 5 章　路径和文本的应用

■ 学习目标

路径是 Photoshop 中的重要工具，它是可以转换为选区或使用颜色填充和描边的轮廓。由于路径的灵活多变和强大的图像处理功能，使其深受广告设计人员的喜爱。当画面设计好后，如果再加入适当的文字，能够让整个图像更加丰富，并且能更好地传达画面的真实意图。在本章的学习中，将通过多个实例学习，介绍路径和文字工具的使用方法，使读者能够灵活使用这两种功能。

■ 重点内容

- 认识路径；
- 使用钢笔工具；
- 复制和删除路径；
- 填充和描边路径；
- 路径和选区的转换；
- 认识"字符"面板和"段落"面板；
- 使用文字工具组；
- 设置字体和大小等格式；
- 创建变形文字；
- 设置路径文字。

■ 案例效果

5.1 绘制与编辑路径

　　路径实质上就是以矢量方式定义的线条轮廓,它可以是一条直线、一个矩形、一条曲线及各种各样形状的线条,这些线条可以是闭合的,也可以是不闭合的。

5.1.1 认识路径

　　路径在 Photoshop 中是使用贝赛尔曲线所构成的一段闭合或者开放的曲线段,主要由钢笔工具和形状工具绘制而成,它与选区一样本身是没有颜色和宽度的,不会被打印出来。路径包括闭合路径和开放路径,闭合路径没有明显的起点和终点,如图 5-1 所示;开放路径则有明显的起点和终点,如图 5-2 所示。

图 5-1　闭合路径

图 5-2　开放路径

　　路径由锚点、直线段和曲线段及控制手柄三部分构成,直线型路径中的锚点无控制手柄,曲线型路径中的锚点由两个控制杆来控制曲线的形状,如图 5-3 所示。

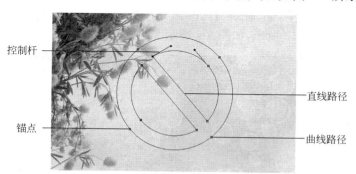

图 5-3　路径结构图

参数详解:

- 锚点:锚点由空心小方格表示,分别在路径中每条线段的两个端点,黑色实心的小方格表示当前选择的定位点。定位点有平滑点和拐点两种,平滑点是平滑连接两条线段的定位点;拐点是非平滑连接两条线段的定位点。

- 控制杆：当选择一个锚点后，会在该锚点上显示 1～2 条控制杆，拖动控制杆一端的小圆点就可调整与之关联的线段的形状和曲率。
- 线段：由多条线段依次连接而成的一条路径。

5.1.2　绘制企业标志——使用钢笔工具

本实例绘制一个企业标志，绘制路径主要使用钢笔工具来进行，使用该工具可以直接绘制出直线路径和曲线路径。选择工具箱中的钢笔工具，其对应的工具属性栏如图 5-4 所示。

图 5-4　钢笔工具属性栏

本实例绘制的企业标志效果如图 5-5 所示。

效果	\效果\第 5 章\5.1\企业标志.psd
视频	\视频\第 5 章\5.1\绘制企业标志.mp4

操作要点：

制作本例的标志时，首先需要绘制一个圆形，然后通过钢笔工具绘制一个不规则路径，转换为选区。再绘制多个弯曲的图形，在绘制过程中注意锚点的添加和删除，以及控制杆的调整，得到符合造型的路径。

图 5-5　企业标志

操作步骤：

（1）选择"文件"→"新建"命令，打开"新建"对话框，设置文件名称为"旭日集团标志"，宽度和高度为 15×12 厘米，如图 5-6 所示。

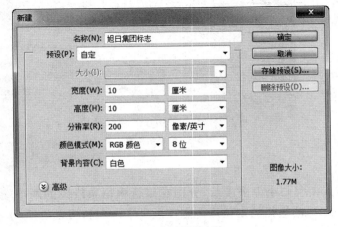

图 5-6　新建图像文件

（2）单击"图层"面板底部的"创建新图层"按钮，新建图层 1。选择椭圆选框工具，按住 Shift 键在图像中绘制出一个正圆形选区，如图 5-7 所示。

（3）选择渐变工具，在属性栏中单击线性渐变按钮，然后设置渐变颜色从深蓝色到蓝色，在选区中从左上方到右下方拖动鼠标，做渐变填充，如图 5-8 所示。

（4）在工具箱中选择钢笔工具，并按住鼠标左键不放，展开钢笔工具组，可以看到其他曲线编辑工具，如图 5-9 所示。

图 5-7　绘制选区

图 5-8　新建图像文件

图 5-9　钢笔工具组

参数详解：

钢笔工具组中的各种工具含义如下：

- 自由钢笔工具：使用该工具可以像使用磁性套索工具绘制自由选区一样，绘制出自由路径。
- 添加锚点工具：选择该工具后，将鼠标指针移动到路径上单击，即可增加一个锚点。
- 删除锚点工具：选择该工具后，将鼠标指针移动到已有的锚点上单击，即可删除一个锚点。
- 转换点工具：转换点工具可以使路径在平滑曲线和直线之间相互转换，还可以调整曲线的形状。

（5）使用钢笔工具在圆形左下方边缘处单击得到一个锚点，然后再在右下方边缘处单击并按住鼠标左键拖动，显示出一个控制杆，如图 5-10 所示。

（6）按住 Alt 键单击控制杆中间的节点，减去下方的控制杆，再按住 Ctrl 键调整上方的控制杆，曲线随之进行调整，如图 5-11 所示。

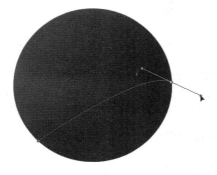

图 5-10　绘制曲线

图 5-11　调整控制杆

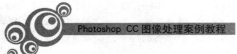

技巧提示：

在使用钢笔工具绘制直线路径时，按住 Shift 键可限制生成的路径线呈水平、垂直或与前一条路径线保持 45°角。

（7）在空白处单击，继续添加锚点，直至回到起始点，得到一个封闭的路径，如图 5-12 所示。

（8）按 Ctrl＋Enter 键将路径转换为选区，再按 Delete 键删除选区中的图像，得到月牙形图像，如图 5-13 所示。

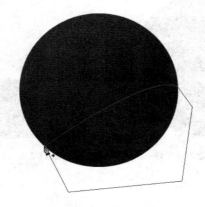

图 5-12　绘制封闭的路径

图 5-13　删除图像

（9）选择钢笔工具，在月牙图像左下方尖角处单击，然后再到右侧的尖角处单击并按住鼠标左键拖动，得到曲线路径，如图 5-14 所示。

（10）按住 Alt 键单击控制杆中间的节点，减去右侧的控制杆，再按住 Ctrl 键调整左侧的控制杆，得到和月牙弧度相同的曲线，如图 5-15 所示。

图 5-14　绘制曲线

图 5-15　调整曲线

（11）继续绘制曲线路径，得到一个弯曲的封闭图形，如图 5-16 所示。

（12）按 Ctrl＋Enter 键将路径转换为选区，设置前景色为红色（R219，G38，B27），按 Ctrl＋Delete 键填充选区，如图 5-17 所示。

（13）使用相同的方法再绘制两个较小的曲线封闭图形，分别填充为蓝色（R0，G148，B220）和绿色（R0，G146，B63），如图 5-18 所示。

（14）选择横排文字工具，在标志下方分别输入公司名称和英文名称，并在属性栏中设置字体为微软雅黑，适当倾斜文字，填充为深蓝色（R9，G69，B140），如图 5-19 所示，完成本实例的制作。

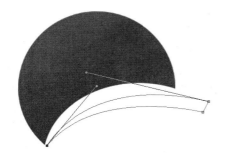

图 5-16 绘制封闭图形

图 5-17 填充颜色

图 5-18 绘制其他图形

图 5-19 输入文字

5.1.3 绘制艺术花瓣——复制和删除路径

　　本实例绘制一个艺术花瓣,主要通过复制路径来完成花瓣的形状的复制,在绘制过程中需要注意调整路径的大小和方向。

　　本实例绘制的艺术花瓣效果如图 5-20 所示。

图 5-20 艺术花瓣

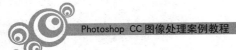
效果	\效果\第 5 章\5.1\艺术花瓣.psd
视频	\视频\第 5 章\5.1\绘制艺术花瓣.mp4

操作要点：

对于一些复杂的图像，需要复制路径。本例首先通过钢笔工具绘制出一个花瓣路径图形，然后通过"复制路径"命令对路径进行复制，并转换为选区填充颜色，复制路径后，可以根据需要对其做旋转、变形等操作。

操作步骤：

（1）选择"文件"→"新建"命令，打开"新建"对话框，设置文件名称为"艺术花瓣"，宽度和高度为 20×15 厘米，如图 5-21 所示。

（2）选择渐变工具 ，在属性栏中单击"线性渐变"按钮 ，然后设置渐变颜色从蓝色（R3，G150，B253）到浅蓝色（R153，G227，B252），在图像中应用渐变填充，如图 5-22 所示。

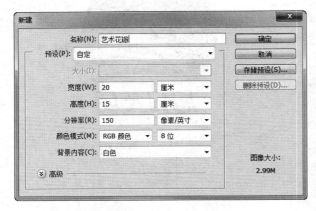

图 5-21　新建文件　　　　　　　　　　　　　　　　图 5-22　渐变填充

（3）选择钢笔工具，在图像中单击得到一个起点，然后再到另一处单击，得到一条直线路径，如图 5-23 所示。

（4）继续向右侧单击并按住鼠标左键拖动，得到一个曲线路径，如图 5-24 所示。

图 5-23　新建文件　　　　　　　　　　　　　　　　图 5-24　渐变填充

（5）按住 Alt 键单击控制杆中间的锚点，减去下方的控制杆，然后再回到起点处单击，得到一个封闭的路径，这时在"路径"面板中显示出工作路径，如图 5-25 所示。

（6）选择工作路径，按住鼠标左键将其拖动到"创建新路径"按钮 中，得到路径1，如图5-26所示。

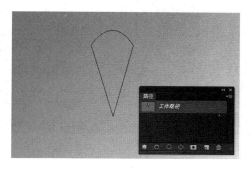

图5-25　绘制封闭路径

图5-26　得到路径1

（7）单击"路径"面板右上方的三角形按钮 ，在弹出的菜单中选择"复制路径"命令，如图5-27所示。

（8）在弹出的对话框中选择默认设置，单击"确定"按钮，得到"路径1副本"，如图5-28所示。

图5-27　复制路径

图5-28　得到复制的路径

技巧提示：

如果要删除不需要的路径，可以在"路径"面板中选择该路径直接拖动到面板底部的"删除当前路径"按钮 中；也可以直接单击"删除当前路径"按钮，在弹出的询问框中单击"确定"按钮。

（9）选择路径1，按 Ctrl＋Enter 键将路径转换为选区，填充为粉红色（R250，G216，B253），如图5-29所示。

（10）在"路径"面板中选择"路径1副本"，显示路径，按 Ctrl＋T 键将变幻卡中间的旋转点放到下方中间位置，然后向右旋转路径，如图5-30所示。

（11）按 Enter 键完成变换，再将路径转换为选区，填充为淡黄色（R238，G242，B253），如图5-31所示。

（12）使用相同的方法复制多个花瓣路径，并做不同深浅的粉色填充，适当旋转，组合成为一个花朵图像，如图5-32所示。

图 5-29 填充图像

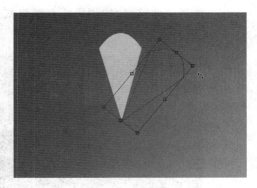

图 5-30 旋转路径

图 5-31 填充选区

图 5-32 绘制多个花瓣图像

（13）再次绘制多个花瓣组成一个花朵图像，并根据自己的喜好填充花瓣颜色，参照图 5-33 所示的样式进行排列，完成本实例的制作。

图 5-33 绘制多个花瓣图像

5.1.4 为画面添加边框——填充和描边路径

本实例为画面添加一个艺术边框，绘制路径的目的就是为了对其填充或描边，以得到需要的图像效果。

- 填充路径是指用指定的颜色或图案填充路径包围的区域。
- 路径的描边就是使用一种图像绘制工具或修饰工具沿着路径绘制图像或修饰图像。

本实例为画面添加的艺术边框效果如图 5-34 所示。

素材	\素材\第 5 章\5.1\中国风.jpg
效果	\效果\第 5 章\5.1\画面艺术边框.psd
视频	\视频\第 5 章\5.1\为画面添加边框.mp4

图 5-34　艺术边框

操作要点：

本例主要应用填充路径和描边路径。首先需要绘制所需要的路径，然后设置好画笔属性，选择"描边路径"命令即可对路径描边。而填充路径也需要先绘制好路径，然后通过"填充路径"命令对图像填充。

操作步骤：

（1）打开素材图像"中国风.jpg"，如图 5-35 所示，为这张图像添加艺术边框。

（2）选择自定形状工具 ，在属性栏的"形状"面板中选择"邮票 2"图形，如图 5-36 所示。

图 5-35　打开素材图像

图 5-36　选择图形

（3）选择好图形后，在画面左上方按住鼠标左键向右下方拖动，绘制出边框图形，如图 5-37 所示。

（4）单击"路径"面板右上方的三角形按钮 ，在弹出的菜单中选择"填充路径"命令，如图 5-38 所示。

图 5-37　绘制边框

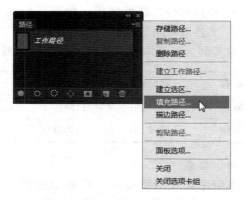

图 5-38　选择"填充路径"命令

（5）打开"填充路径"对话框，在"使用"下拉列表中选择"图案"选项，然后选择自然图案中的常春藤叶图样，如图 5-39 所示。

（6）单击"确定"按钮，得到填充路径效果，如图 5-40 所示。

图 5-39　"填充路径"对话框

图 5-40　填充路径效果

（7）选择铅笔工具，打开"画笔"面板，设置画笔"大小"为 9 像素、"间距"为 230%，如图 5-41 所示。

（8）使用钢笔工具在图像中圆弧图像外部分别绘制两条弧线路径，如图 5-42 所示。

（9）设置前景色为绿色（R154，G203，B131），单击"路径"面板右上方的三角形按钮，在弹出的菜单中选择"描边路径"命令，如图 5-43 所示。

（10）在弹出的菜单中默认各项设置，单击"确定"按钮，得到描边效果，如图 5-44 所示。

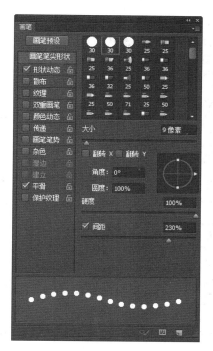

图 5-41　"填充路径"对话框

图 5-42　填充路径效果

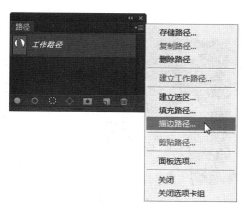

图 5-43　选择"描边路径"命令

图 5-44　描边路径效果

5.1.5　制作圆点文字——路径和选区的转换

本实例使用路径和选区互相转换的方法来制作特殊文字。在 Photoshop 中，路径和选区是可以互相转换的，使用选区来创建路径是一种常用的路径创建方法。

本实例制作的特殊文字效果如图 5-45 所示。

图 5-45 艺术边框

素材	\素材\第 5 章\5.1\黄金树.jpg
效果	\效果\第 5 章\5.1\圆点文字.psd
视频	\视频\第 5 章\5.1\制作圆点文字.mp4

操作要点：

将路径转换为选区,首先需要一个封闭的选区才能转换为一个完整的选区。当选区转换为路径后,路径中的节点非常多,需要适当编辑。

操作步骤：

(1) 打开素材图像"黄金树.jpg",如图 5-46 所示,在图像中制作一个艺术文字,如图 5-55 所示。

(2) 选择横排文字工具,在图像中间输入文字"家",并在属性栏中设置字体为叶根友毛笔行书,如图 5-47 所示。

图 5-46 打开素材图像

图 5-47 输入文字

(3) 按住 Ctrl 键单击文字图层,载入该文字选区,然后单击文字图层前面的眼睛图标,隐藏该图层,如图 5-48 所示。

(4) 新建一个图层,单击"路径"面板右上方的三角形按钮,在弹出的菜单中选择"建立工作路径"命令,如图 5-49 所示。

(5) 将选区转换为路径后,图像效果如图 5-50 所示。设置前景色为深红色(R157,G64,B33),选择画笔工具,在"画笔"面板中设置画笔"大小"为 16 像素、"间距"为 85%,如图 5-51 所示。

图 5-48 隐藏文字图层

图 5-49 选择命令

图 5-50 选区转换为路径

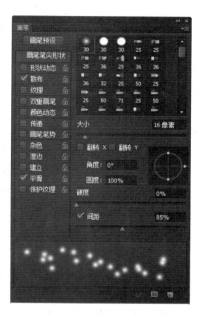

图 5-51 设置画笔参数

（6）单击"路径"面板底部的"用画笔描边路径"按钮，得到描边路径，如图 5-52 所示。

（7）选择"路径"面板中的工作路径，按 Ctrl＋Enter 键将路径转换为选区，填充为黄色，如图 5-53 所示，完成本实例的制作。

图 5-52 描边路径效果

图 5-53 完成效果

5.2 输入和编辑文字

Photoshop 提供了丰富的文字输入和编排功能，掌握了文字工具的输入、设置及调整方法，就能运用文字工具制作特殊的文字效果。

5.2.1 认识"字符"和"段落"面板

在图像中输入文字后，需要对文字进行各种设置，对于一些简单、较少的文字，可以直接在文字工具属性栏中设置，如果文字较多或是段落文字时，就需要在"字符"面板或"段落"面板中设置。下面分别介绍"字符"面板和"段落"面板。

1. "字符"面板

使用"字符"面板可以设置文字的各项属性。选择"窗口"→"字符"命令即可打开图 5-54 所示的面板，面板中包含了两个选项，字符选项用于设置字符属性，段落选项用于设置段落属性。

参数详解：

"字符"面板用于设置字符的字间距、行间距、缩放比例、字体及尺寸等属性。其中各选项含义如下：

图 5-54 "字符"面板

- 叶根友毛笔... ▼：单击此文本框右侧的三角按钮，在下拉列表中选择需要的字体。
- T 12 点 ▼：在此下拉列表框中直接输入数值可以设定字体大小。
- 颜色：单击颜色块，在弹出的拾色器中可以设置文本的颜色。
- T T̄ TT Tr Tˡ T, T T̄：分别用于对文字进行加粗、倾斜、全部大写字母、将大写字母转换成小写字母、上标、下标、添加下划线、添加删除线等操作。设置时选取文本后单击相应的按钮即可。
- 恀A (自动) ▼：此下拉列表框用于设置行距，单击文本框右侧的三角按钮，在下拉列表中可以选择行间距的大小。
- VA 0 ▼：设置所选字符的字符间距。单击右侧的三角按钮，在下拉列表中选择字符间距，也可以直接在下拉列表框中输入数值。
- VA：设置两个字符间的字距微调。
- T：设置选中文本的水平缩放效果。
- T 100%：设置选中文本的垂直缩放效果。
- A₂ₐ：设置基线偏移，当设置参数为正值时向上移动；当设置参数为负值时向下移动。

2. "段落"面板

"段落"面板的主要功能是设置文字的对齐方式及缩进量等。选择"窗口"→"段落"

命令,打开"段落"面板,如图 5-55 所示。

参数详解:

"段落"面板只用于设置段落文字,面板中的各选项含义
如下:

- ■(左对齐文本):按此按钮,段落中所有文字居左
  对齐。
- ■(居中对齐文本):按此按钮,段落中所有文字居
  中对齐。
- ■(右对齐文本):按此按钮,段落中所有文字居右
  对齐。

图 5-55 "段落"面板

- ■(最后一行左对齐):按此按钮,段落中最后一行
  左对齐。
- ■(最后一行居中):按此按钮,段落中最后一行居中。
- ■(最后一行右对齐):按此按钮,段落中最后一行右对齐。
- ■(左右对齐):按此按钮,段落中所有行左右对齐。
- ■ 0点 (左缩进):用于设置所选段落文本左边向内缩进的距离。
- ■ 0点 (右缩进):用于设置所选段落文本右边向内缩进的距离。
- ■ 0点 (首行缩进):用于设置所选段落文本首行缩进的距离。
- ■ 0点 (段落前添加空格):用于设置插入光标所在段落与前一段落间的
  距离。
- ■ 0点 (段落后添加空格):用于设置插入光标所在段落与后一段落间的
  距离。
- "连字"复选框:选中该复选框,表示可以将文字的最后一个外文单词拆开形成连
  字符号,使剩余的部分自动换到下一行。

5.2.2 制作书籍内页——使用文字工具组

本实例在书本内页输入美术文字和段落文字。要输入文字,首先要认识输入文字的
工具。单击工具箱中的 **T** 工具不放,将显示出文字工具组,其中各按钮的作用如下:

- 横排文字工具 **T**:在图像文件中创建水平文字,且在"图层"面板中建立新的文
  字图层。
- 直排文字工具 **↓T**:在图像文件中创建垂直文字,且在"图层"面板中建立新的文
  字图层。
- 横排文字蒙版工具 **T**:在图像文件中创建水平文字形状的选区,但在"图层"面
  板中不建立新的图层。
- 直排文字蒙版工具 **↓T**:在图像文件中创建垂直文字形状的选区,但在"图层"面
  板中不建立新的图层。

本实例内页排版的效果如图 5-56 所示。

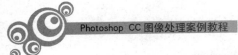

图 5-56　书籍内页排版

素材	\素材\第 5 章\5.2\书籍.jpg
效果	\效果\第 5 章\5.2\书籍内页.psd
视频	\视频\第 5 章\5.2\制作书籍内页.mp4

操作要点：

使用文字工具组中的各种文字工具都可以输入文字，但是输入文字后需要选择文字，在属性栏中设置字体、大小、颜色，以及对齐方式等。

操作步骤：

（1）打开素材图像"书籍.jpg"，如图 5-57 所示，在该书籍右侧输入文字。

图 5-57　打开素材图像

（2）选择横排文字工具 T，其工具属性栏如图 5-58 所示。

图 5-58　文字工具属性栏

（3）在内页右侧上方单击，在出现光标的位置输入标题文字，如图 5-59 所示。

（4）输入文字后，按住鼠标左键向左拖动，选择文字，这时文字呈黑白效果显示，如图 5-60 所示。

图 5-59 输入文字

图 5-60 选择文字

（5）在属性栏中设置字体为方正兰亭中黑，大小为 17.3 点，设置前景色为深红色，按 Alt＋Delete 键填充颜色，文字效果如图 5-61 所示。

（6）选择横排文字工具 T，在文字下方按住鼠标左键拖动，绘制出一个文本框，如图 5-62 所示。

图 5-61 设置文字效果

图 5-62 绘制文本框

（7）在文本框中输入所需的文字，如图 5-63 所示。将光标插入文本框中，按 Ctrl＋A 键全选所有文字，如图 5-64 所示。

图 5-63 输入文字

图 5-64 选择所有文字

（8）在属性栏中设置字体为方正兰亭中黑，大小为 6.8 点，文字效果如图 5-65 所示。

（9）再次选择所有段落文字，打开"段落"面板，设置"首行缩进"为 15 点、"段后添加空格"为 8 点，如图 5-66 所示。

图 5-65　文字效果　　　　　　　　　图 5-66　设置段落属性

5.2.3　制作时尚名片——设置字体和大小等格式

本实例制作一个时尚个人名片。在制作名片过程中，主要学习在属性栏中设置字体样式和大小等。

本实例制作的时尚名片效果如图 5-67 所示。

图 5-67　时尚名片

素材	\素材\第 5 章\5.2\彩色底纹.psd
效果	\效果\第 5 章\5.2\时尚名片.psd
视频	\视频\第 5 章\5.2\制作时尚名片.mp4

操作要点：

设置文字的字体大小首先需要选择文字，然后在属性栏或"字符"面板中进行精确的设置，得到合适的文字效果。

操作步骤：

（1）选择"文件"→"新建"命令，打开"新建"对话框，设置文件名称为"时尚名片"，宽度和高度为 9×5 厘米，如图 5-68 所示。

（2）设置前景色为深蓝色（R0，G0，B45），按 Alt＋Delete 键填充背景，如图 5-69 所示。

图 5-68　新建文件

图 5-69　填充背景

（3）选择"滤镜"→"杂色"→"添加杂色"命令，打开"添加杂色"对话框，设置"数量"为 20％，在"分布"选项区域中选择"平均分布"单选按钮，如图 5-70 所示。

（4）单击"确定"按钮，得到添加杂色后的图像效果如图 5-71 所示。

图 5-70　添加杂色

图 5-71　图像效果

（5）打开素材图像"彩色底纹.jpg"，选择移动工具将该图像直接拖曳到当前编辑的图像中，分别放到画面的右上方和左下角，如图 5-72 所示。

（6）选择横排文字工具，在图像上方输入公司名称，并在属性栏中设置字体为"汉仪长美黑简体"，大小为 13.85 点，颜色为白色，如图 5-73 所示。

（7）选择"图层"→"图层样式"→"渐变叠加"命令，打开"图层样式"对话框，单击"渐变"右侧的色块，在弹出的对话框中选择"橙，黄，橙渐变"，如图 5-74 所示。单击"确定"按钮，回到"图层样式"对话框中设置各项参数，如图 5-75 所示。

图 5-72　添加素材图像

图 5-73　设置文字属性

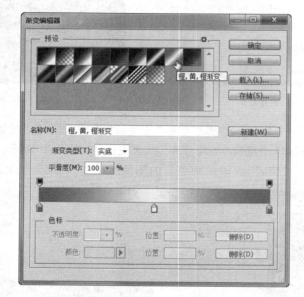

图 5-74　选择渐变颜色

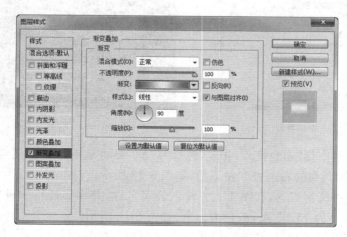

图 5-75　设置各项参数

（8）单击"确定"按钮，得到渐变文字效果，如图 5-76 所示。

（9）选择横排文字工具 **T**，在名片中间输入人物名称，然后单击属性栏中的 按钮，打开"字符"面板，设置字体为汉真广标，"大小"为 23.73 点，颜色为白色，如图 5-77 所示。

图 5-76　渐变文字

图 5-77　设置字体样式

（10）继续使用横排文字工具输入其他文字，并在"字符"面板中设置字体为微软雅黑，适当调整文字大小，填充为白色，如图 5-78 所示，完成本实例的制作。

图 5-78　输入其他文字

5.2.4　制作个人写真——创建变形文字

本实例制作一个个人时尚写真中的文字。在制作图像的过程中，主要学习在"变形"对话框中选择各种样式，并设置参数等。

本实例制作的个人写真效果如图 5-79 所示。

素材	\素材\第 5 章\5.2\女神.jpg
效果	\效果\第 5 章\5.2\个人写真.psd
视频	\视频\第 5 章\5.2\制作个人写真.mp4

操作要点：

在"变形文字"对话框中有多种变形命令，用户可以根据需要选择适合画面的文字变形效果，再设置参数，得到变形效果。

图 5-79　个人写真

操作步骤：

（1）打开素材图像"女神.jpg"，在图像中创建变形文字，如图 5-80 所示。

（2）选择横排文字工具 **T**，在图像上方输入文字"月亮女神"，然后在属性栏中设置字体为微软雅黑，"大小"为 146 点，颜色为白色，如图 5-81 所示。

图 5-80　打开素材图像

图 5-81　输入文字

（3）单击属性栏中的"创建文字变形"按钮 ，打开"变形文字"对话框，在"样式"下拉列表中选择"上弧"命令，如图 5-82 所示。选择好样式后，选中"水平"单选按钮，然后设置"弯曲"为 50%，其他参数为 0，如图 5-83 所示。

图 5-82　设置样式

图 5-83　设置参数

（4）单击"确定"按钮，得到变形文字效果，如图 5-84 所示。

（5）选择"窗口"→"样式"命令，打开"样式"面板，单击"雕刻天空"样式，得到文字效果如图 5-85 所示，完成本实例的制作。

图 5-84　变形文字

图 5-85　选择样式

5.2.5　制作演唱会海报——设置路径文字

本实例为演唱会海报添加文字。当绘制好路径后，还可以在路径上输入文字，文字沿着曲线边缘输入，得到路径文字。

本实例制作的演唱会海报效果如图 5-86 所示。

素材	\素材\第 5 章\5.2\观众.jpg
效果	\效果\第 5 章\5.2\演唱会海报.psd
视频	\视频\第 5 章\5.2\制作演唱会海报.mp4

操作要点：

在路径中输入文字需要注意文字的排列问题，如果文字太多，路径中排列不下，就需要调整文字大小与间距等。

操作步骤：

（1）新建一个文件，设置前景色为暗红色（R146，G86，B87），按 Alt ＋ Delete 键填充背景，如图 5-87 所示。

图 5-86　演唱会海报

（2）打开素材图像"观众.jpg"，使用移动工具 ▶+ 将该图像拖曳到当前编辑的图像中，放到画面下方，如图 5-88 所示。

图 5-87　填充背景

图 5-88　添加素材图像

（3）选择橡皮擦工具，在属性栏中设置画笔大小为 200，"不透明度"为 65％，对添加的素材图像上方进行擦除，使其与背景自然过渡，如图 5-89 所示。

（4）选择钢笔工具 ，在图像上方绘制一条曲线路径，如图 5-90 所示。

（5）选择横排文字工具 T，在路径上单击输入文字，并在属性栏中设置字体为微软雅黑，"大小"为 38 点，填充为白色，如图 5-91 所示。

（6）选择"窗口"→"样式"命令，打开"样式"面板，选择"双环发光"样式，即可得到添加样式后的文字效果，如图 5-92 所示。

图 5-89　填充背景

图 5-90　绘制路径

图 5-91　输入文字

图 5-92　文字效果

（7）再使用钢笔工具绘制一条弧线路径，使用横排文字工具在路径左侧单击，输入文字，如图 5-93 所示。

（8）单击"样式"面板中的"双环发光"样式，文字呈现相同的样式效果，如图 5-94 所示。

（9）继续在弧线文字下方输入活动地点和时间，然后在属性栏中设置字体为微软雅黑，填充为白色，并适当调整文字大小，如图 5-95 所示。

（10）选择背景图层，新建一个图层，使其放置于背景图层上方。然后选择画笔工具，打开"画笔"面板，设置画笔大小为 26 像素，"间距"为 89%，如图 5-96 所示。

（11）选择"形状动态"选项，设置"大小抖动"为 100%，如图 5-97 所示。

（12）选择"散布"选项，选中"两轴"复选框，设置参数为 340%，再设置其他参数，如图 5-98 所示。

（13）设置前景色为白色，使用画笔工具在图像中绘制白色圆点，再设置前景色为黄色，绘制出黄色圆点，效果如图 5-99 所示，完成本实例的制作。

图 5-93 输入文字

图 5-94 文字效果

图 5-95 输入其他文字

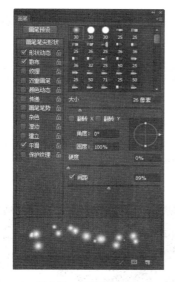

图 5-96 设置画笔属性

图 5-97 设置形状动态

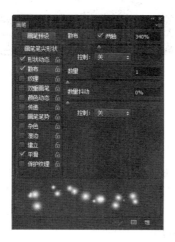

图 5-98 设置参数

图 5-99 绘制圆点

5.3 拓展知识

在路径和文本的应用中,除了前面介绍的使用方法外,还可以使用橡皮带功能和自由钢笔工具绘制路径,以及将文字转换为路径、栅格化文字等操作。

5.3.1 应用橡皮带

在钢笔工具属性栏中有一个"橡皮带"选项,位于 ⚙ 按钮中,使用该选项绘制路径时将出现预览状态。

操作步骤:

(1) 选择工具箱中的钢笔工具,单击属性栏中的 ⚙ 按钮,在弹出的下拉菜单中选择"橡皮带"复选框,如图 5-100 所示。

图 5-100 橡皮带选项

(2) 在画面中绘制路径,可以看到在钢笔工具所到之处会出现预览的路径形态,图 5-101 和图 5-102 所示分别是未选中"橡皮带"复选框和已选中"橡皮带"复选框的效果。

图 5-101 未选中"橡皮带"复选框

图 5-102 已选中"橡皮带"复选框

5.3.2 自由钢笔工具

使用自由钢笔工具可以在画面中随意绘制路径,就像使用铅笔在纸上绘图一样。在绘制过程中,自由钢笔工具自动添加锚点,完成后还可以对路径做进一步的完善。

操作步骤:

(1) 选择"文件"→"打开"命令,打开一幅素材图像,如图 5-103 所示。

(2) 展开钢笔工具组,单击"自由钢笔工具"按钮 ✐,然后在画面中按住鼠标左键进行拖动,即可绘制路径,如图 5-104 所示。

图 5-103　素材图像

图 5-104　绘制路径

（3）在属性栏中选中"磁性的"复选框,单击属性栏中的  按钮,在弹出的面板中设置"曲线拟合"及磁性的"宽度"、"对比"、"频率"等参数,如图 5-105 所示。

（4）在图像中拖动鼠标绘制路径,沿图像颜色的边界创建路径,如图 5-106 所示。

图 5-105　设置参数

图 5-106　绘制磁性路径

参数详解:

在设置下拉面板中各选项的作用如下:

- 曲线拟合:可设置最近路径对鼠标移动轨迹的相似程度,数值越小,路径上的锚点就越多,绘制出的路径形态就越精确。
- 宽度:调整路径的选择范围,数值越大,选择的范围就越大。
- 对比:可以设置"磁性钢笔"工具对图像中边缘的灵敏度。
- 频率:可以设置路径上使用锚点的数量,数值越大,在绘制路径时产生的锚点就越多。
- 钢笔压力:选中该复选框,可以使用绘图板压力以更改钢笔宽度。

5.3.3 文字蒙版工具的使用

在 Photoshop 中,可以使用横排和直排文字蒙版工具创建文字选区,这也是对选区的进一步拓展,在广告制作方面有很大的用处。

操作步骤:

(1) 打开一幅图像文件,选择工具箱中的横排文字蒙版工具 ,将鼠标移动到画面中单击,出现闪动的光标,而画面变成一层透明红色遮罩的状态,如图 5-107 所示。

(2) 在闪动的光标后输入所需的文字,如图 5-108 所示。

图 5-107　进入蒙版状态

图 5-108　输入蒙版文字

(3) 单击属性栏右侧的"提交当前所有编辑"按钮 ,就可以退出文字的输入状态,得到文字选区,如图 5-109 所示。

(4) 对选区进行羽化,然后设置前景色为白色,按 Alt＋Delete 键对选区进行白色填充,效果如图 5-110 所示。

图 5-109　建立文字选区

图 5-110　填充文字选区

技巧提示:

使用横排或直排文字蒙版工具创建的文字选区可以填充颜色,但是它已经不是文字属性,不能再改变字体样式,只能像编辑图像一样对其进行处理。

5.3.4 文字转换路径

在 Photoshop 中输入文字后，还可以对文字进行转换，可以转换为路径和形状。将文字转换为路径后，就可以像操作任何其他路径那样存储和编辑该路径，同时还能保持原文字图层不变。

操作步骤：

（1）打开一幅图像文件，选择横排文字工具在其中输入文字，如图 5-111 所示。

（2）选择"类型"→"创建工作路径"命令即可得到工作路径，隐藏文字图层可以更好地观察到路径，如图 5-112 所示。

图 5-111 输入文字　　　　　　　　　　图 5-112 创建路径

5.3.5 栅格化文字

当在图像中输入文字后，不能直接对文字应用绘图和滤镜命令等操作，只有将其进行栅格化处理后才能做进一步的编辑。

操作步骤：

（1）打开一幅图像文件，在图像中输入横排文字，如图 5-113 所示。

（2）选择"图层"面板中的文字图层，然后选择"图层"→"栅格化"→"文字"命令即可将文字图层转换为普通图层。将文字图层栅格化后，图层缩览图将发生变化，如图 5-114 所示。

图 5-113 文字图层　　　　　　　　　　图 5-114 栅格化效果

技巧提示：

当一幅图像文件中文字图层较多时，合并文字图层或者将文字图层与其他图像图层

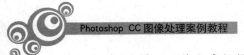

进行合并,一样可以将文字栅格化。

5.4 课后练习

本章主要讲解了路径和文本的应用等相关知识。下面通过相关的实例练习,加深巩固本章所学的知识。

课后练习 1——绘制淘宝广告

素材	\素材\第 5 章\5.4\淡色背景.jpg、花环.psd
效果	\效果\第 5 章\5.4\淘宝广告.psd

结合本章所学知识,主要使用横排文字工具在图像中输入文字,并在属性栏中设置字体、大小和颜色等,效果如图 5-115 所示。

图 5-115　图像效果

本实例的步骤分解如图 5-116 所示。

图 5-116　实例操作思路

操作提示:

(1)打开素材图像"淡色背景.jpg"和"花环.psd",使用移动工具将花环图像拖曳到

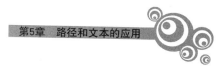

淡色背景图像中。

（2）使用横排文字工具在图像中输入文字，并在属性栏中设置文字大小、字体和颜色等参数。

（3）适当调整文字位置，进行组合排列。

课后练习 2——绘制 KTV 名片

素材	\素材\第 5 章\5.4\KTV 背景.jpg、金属文字.psd、泰乐迪标志.psd
效果	\效果\第 5 章\5.4\KTV 名片.psd

结合本章所学知识，主要使用横排文字工具在图像中输入文字，然后打开"字符"面板，设置文字的各种属性，效果如图 5-117 所示。

图 5-117　图像效果

本实例的步骤分解如图 5-118 所示。

图 5-118　实例操作思路

操作提示：

（1）打开素材图像"KTV 背景.jpg"和"金属文字.psd"，使用移动工具将金属文字图像拖曳到背景图像中。

（2）使用横排文字工具在图像右下方输入人物名称和地址、电话等信息，并在"字符"面板中设置文字大小、字体和颜色等参数。

（3）打开素材图像"泰乐迪标志.psd"，使用移动工具将其拖曳到名片图像中，放到画面右上方。

第6章　通道与蒙版的使用

■ 学习目标

在 Photoshop 中通道和蒙版是非常重要的功能,使用通道不但可以保存图像的颜色信息,还能存储选区,以方便用户选择更复杂的图像选区;而蒙版则可以在不同图像中做出多种效果,还可以制作出高品质的影像合成。在本章的学习中,将通过多个实例学习通道和蒙版的应用方法。在制作过程中,详细介绍通道和蒙版的多种操作方法,并结合其他工具等命令制作出整个画面。

■ 重点内容

- 认识通道和"通道"面板;
- 创建、隐藏与显示通道;
- 通道的分离与合并;
- 通道的运算;
- 应用矢量蒙版;
- 应用图层蒙版;
- 应用快速蒙版。

■ 案例效果

6.1　使用通道

通道主要是通过"通道"面板存储图像的颜色信息和选区信息。用户可以使用通道快捷地创建部分图像的选区，还可以利用通道制作一些特殊效果的图像。

6.1.1　认识通道和"通道"面板

要在通道中对图像进行各种操作，首先要认识通道，了解通道的各种类型，以及"通道"面板中的各种功能。

1．通道分类

通道的功能根据其所属类型不同而不同。在 Photoshop 中，通道包括颜色通道、Alpha 通道和专色通道三种类型。

- 颜色通道。颜色通道主要用于描述图像色彩信息，如 RGB 颜色模式的图像有三个默认的通道，分别为红（R）、绿（G）、蓝（B），而不同的颜色模式将有不同的颜色通道。当用户打开一个图像文件后，将自动在"通道"面板中创建一个颜色通道。图 6-1 所示为 RGB 图像的颜色通道；图 6-2 所示为 CMYK 图像的颜色通道。

图 6-1　RGB 通道

图 6-2　CMYK 通道

技巧提示：

选择不同的颜色通道，显示的图像效果也不一样，灰度颜色显示会有所不同。

- Alpha 通道。Alpha 通道是用于存储图像选区的蒙版，它将选区存储为 8 位灰度图像放入"通道"面板中，用来处理隔离和保护图像的特定部分，所以它不能存储图像的颜色信息。
- 专色通道。专色就是除了 CMYK 以外的颜色。专色通道主要用于记录专色信息，指定用于专色（如银色、金色及特种色等）油墨印刷的附加印版。

2．"通道"面板

在 Photoshop 中，打开的图像都会在"通道"面板中自动创建颜色信息通道。如果图像文件有多个图层，则每个图层都有一个颜色通道，如图 6-3 所示。

参数详解：

选框工具属性栏的各项含义如下：

- "将通道作为选区载入"按钮 ⬚：单击该按钮可以将当前通道中的图像转换为

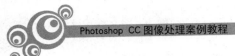

原色通道 —

专色通道 —

— Alpha 通道

图 6-3 "通道"面板

选区。

- "将选区存储为通道"按钮 ▣ ：单击该按钮可以自动创建一个 Alpha 通道，图像中的选区将存储为一个遮罩。
- "创建新通道"按钮 ▣ ：单击该按钮可以创建一个新的 Alpha 通道。
- "删除通道"按钮 ▣ ：用于删除选择的通道。

在 Photoshop 的默认情况下，原色通道以灰度显现图像。如果要使原色通道以彩色显示，可以选择"编辑"→"首选项"→"界面"命令，打开"首选项"对话框，选择"用彩色显示通道"复选框，如图 6-4 所示，各原色通道就会以彩色显示，如图 6-5 所示。

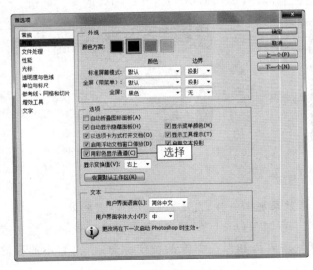

图 6-4 "首选项"对话框

图 6-5 彩色显示通道

技巧提示：

只有以支持图像颜色模式的格式（如 PSD、PDF、PICT、TIFF 或 Raw 等格式）存储文件时才能保留 Alpha 通道，以其他格式存储文件可能会导致通道信息丢失。

6.1.2 制作美甲广告——创建、隐藏与显示通道

本实例通过创建通道等操作来制作一个美甲广告。创建的通道默认名称为 Alpha

通道,可以在其中对图像进行各种操作,包括添加图层样式或滤镜效果等。

- Alpha 通道用于存储选择范围,可再次编辑。可以载入图像选区,然后新建 Alpha 通道对图像进行操作。
- 在"通道"面板中单击需要隐藏的通道前的 👁 图标即可隐藏该通道,再次单击◼ 图标则可显示该通道。

本实例绘制的美甲广告如图 6-6 所示。

图 6-6 美甲广告

素材	\素材\第 6 章\6.1\美女写真.jpg、美甲.psd
效果	\效果\第 6 章\6.1\美甲广告.psd
视频	\视频\第 6 章\6.1\制作美甲广告.mp4

操作要点:

在图像中创建通道后,可以在其中做多种操作,对于不需要显示的通道,可以和图层一样单击前面的眼睛图标将其隐藏。

操作步骤:

(1)新建一个 3×3 像素的图像文件,设置背景内容为"透明",如图 6-7 所示。使用缩放工具将其放到最大化,使用铅笔工具在其中绘制三个黑色小方格,如图 6-8 所示。

图 6-7 新建文件

图 6-8 绘制小方格

（2）选择"编辑"→"定义图案"命令，打开"图案名称"对话框，如图 6-9 所示，默认设置后，单击"确定"按钮。

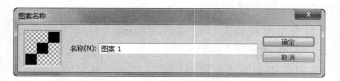

图 6-9　定义图案

（3）再新建一个图像文件，设置前景色为淡黄色（R242，G232，B186），按 Alt＋Delete键填充背景，如图 6-10 所示。

（4）选择油漆桶工具，在属性栏中选择"图案"选项，然后再单击右侧的三角形按钮，选择刚刚定义的小黑点图案，如图 6-11 所示。

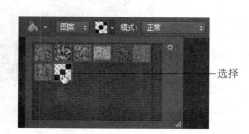

图 6-10　填充背景　　　　　　　　　　图 6-11　选择图案

（5）回到淡黄色图像文件中，新建一个图层，使用填充工具在图像中单击，填充小方格图像，效果如图 6-12 所示。

（6）再新建一个图层，选择渐变工具，在属性栏中选择样式为线性渐变，再单击渐变色条，在打开的对话框中选择"色谱"样式，如图 6-13 所示。

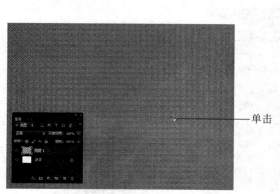

图 6-12　填充图像　　　　　　　　　　图 6-13　选择渐变颜色

（7）在图像中按住鼠标左键从左上方到右下方拖动，对其应用线性渐变填充，如图 6-14 所示。

（8）选择"滤镜"→"模糊"→"高斯模糊"命令，打开"高斯模糊"对话框，设置"半径"为245 像素，单击"确定"按钮，得到模糊图像，如图 6-15 所示。

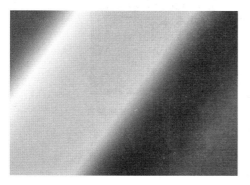

图 6-14　渐变填充图像

设置参数

图 6-15　设置半径参数

（9）选择橡皮擦工具 ，在属性栏中设置画笔大小为 400 像素，"不透明度"为 62%，在彩色图像中间做擦除，效果如图 6-16 所示。

（10）打开素材图像"美女写真.jpg"，使用移动工具将其拖曳到当前编辑的图像中，适当调整图像大小，放到画面右侧，并且将该图层放到背景图层上方，如图 6-17 所示。

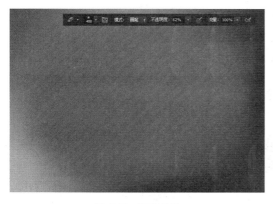

图 6-16　擦除图像

图 6-17　添加素材图像

（11）隐藏除了人物图层外的其他图层，切换到"通道"面板，选择"红"通道，按住 Ctrl键单击红色通道载入选区，如图 6-18 所示。

（12）单击"通道"面板下方的"创建新通道"按钮，新建 Alpha1 通道，如图 6-19 所示。

技巧提示：

当选择某一通道后，其他通道自动被隐藏，单击通道前面的 图标即可显示该通道。

（13）设置前景色为白色，按 Alt＋Delete 键填充选区，如图 6-20 所示。

（14）选择画笔工具，将人物图像周围的背景涂抹为白色，如图 6-21 所示。

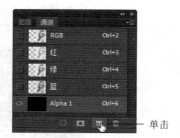

图 6-18　载入选区　　　　　　　　　　　　图 6-19　创建新通道

图 6-20　填充选区　　　　　　　　　　　　图 6-21　涂抹背景

（15）按住 Ctrl 键单击 Alpha1 通道载入选区，再按 Shift＋Ctrl＋I 键反选选区。然后回到"图层"面板，隐藏原有人物图层，显示其他图层。新建一个图层，填充为深红色（R65，G24，B12），如图 6-22 所示。

（16）双击图层 4，打开"图层样式"对话框，选择"渐变叠加"选项，设置渐变颜色为"黄，紫，橙，蓝渐变"，如图 6-23 所示。

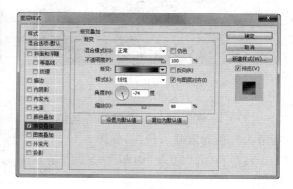

图 6-22　填充选区　　　　　　　　　　　　图 6-23　设置渐变叠加

（17）单击"确定"按钮，得到添加彩色渐变的人物效果，如图 6-24 所示。

（18）打开素材图像"美甲.psd"，使用移动工具将其中的各种素材图像拖曳到当前编辑的图像中，排列到图像左下方，如图 6-25 所示。

图 6-24　图像效果

图 6-25　添加素材图像

（19）选择横排文字工具，在图像右下方输入地址和电话等文字内容，并在属性栏中设置字体为微软雅黑，填充为白色，如图 6-26 所示，完成本实例的制作。

图 6-26　输入文字

6.1.3　制作婚庆公司广告——通道的分离与合并

　　本实例通过创建通道等操作来制作一个婚庆公司广告。在 Photoshop 中，可以将一个图像文件的各个通道分开，各自成为一个拥有独立图像窗口和"通道"面板的独立文件，可以对各个通道文件进行独立编辑。当编辑完成后，再将各个独立的通道文件合成到一个图像文件中，这就是通道的分离与合并。

　　本实例绘制的婚庆公司广告如图 6-27 所示。

图 6-27　婚庆公司广告

素材	\素材\第 6 章\6.1\鲜花.jpg、LOVE.psd、唯一 LOGO.psd
效果	\效果\第 6 章\6.1\婚庆公司广告.psd
视频	\视频\第 6 章\6.1\制作婚庆公司广告.mp4

操作要点：

在通道中分离图像时，首先要设置所需的通道模式，然后再进行通道分离，才能便于在通道中进行其他操作。

操作步骤：

（1）打开素材图像"鲜花.jpg"，对该图像应用通道分离制作单色图像，如图 6-28 所示。

（2）打开"通道"面板，单击面板右上方的 按钮，在弹出的下拉菜单中选择"分离通道"命令，如图 6-29 所示。

图 6-28　打开素材图像

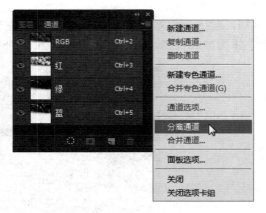

图 6-29　分离通道

（3）这时图像自动分离为三个通道，选择红色通道图像，可以看到颜色最为浅淡，如图 6-30 所示。

（4）选择"图像"→"模式"→"CMYK 模式"命令，将图像转变为 CMYK 模式。然后选择"图像"→"调整"→"色相/饱和度"命令，打开"色相/饱和度"对话框，选择"着色"复选框，设置各项参数，如图 6-31 所示。

图 6-30　选择红色通道

图 6-31　设置参数

技巧提示：

如果要合并通道，可以单击"通道"面板右上方的 按钮，在弹出的下拉菜单中选择

"分离通道"命令,这时将弹出一个对话框,可以选择合并的模式,以及合并哪些通道。

(5)单击"确定"按钮,得到单色图像效果,如图 6-32 所示。

(6)打开素材图像"唯一 logo.jpg",选择移动工具将其直接拖曳到当前编辑的图像中,放到画面左侧,如图 6-33 所示。

图 6-32 单色图像

图 6-33 添加素材图像

(7)选择横排文字工具 **T**,在图像中输入联系电话,并在属性栏中设置字体为方正舒体;再输入其他文字信息,设置字体为微软雅黑,并适当做倾斜,排列成图 6-34 所示的效果。

(8)打开素材图像 LOVE.psd,选择移动工具将其拖曳到当前编辑的图像中,放到画面右下方,适当调整图像大小,如图 6-35 所示,完成本实例的制作。

图 6-34 添加其他文字

图 6-35 完成效果

6.1.4 制作时尚手表广告——通道的运算

本实例通过创建通道等操作来制作一个时尚手表广告。通道的分离与合并都是对一个图像中的通道进行的,Photoshop 也允许用户对两个不同图像中的通道同时进行运算,这样可以得到更精彩的图像效果。

本实例绘制的时尚手表广告如图 6-36 所示。

素材	\素材\第 6 章\6.1\手表.jpg、彩色背景.jpg
效果	\效果\第 6 章\6.1\时尚手表广告.psd
视频	\视频\第 6 章\6.1\制作时尚手表广告.mp4

操作要点：

通过通道运算能够有效地混合两张图像色调。在对话框中可以选择需要混合的图像，并设置"混合"模式。

操作步骤：

（1）打开素材图像"手表.jpg"和"彩色背景.jpg"，对这两张图像进行运算，混合图像颜色，如图 6-37 和图 6-38 所示。

（2）选择手表图像文件，再选择"图像"→"应用图像"命令，打开"应用图像"对话框，设置源文件为"彩色背景"，混合模式为"叠加"，如图 6-39 所示。

图 6-36　时尚手表广告

图 6-37　手表

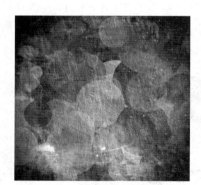

图 6-38　彩色背景

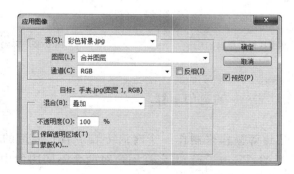

图 6-39　"应用图像"对话框

（3）单击"确定"按钮，得到通道运算效果，如图6-40所示。

（4）选择横排文字工具 T，在画面上方输入两行文字，并在属性栏中设置字体为方正姚体简体，填充为淡蓝色（R75，G144，B238），并适当调整文字大小，如图6-41所示。

图6-40 图像效果

图6-41 输入文字

（5）选择"图层"→"图层样式"→"描边"命令，打开"图层样式"对话框，设置描边颜色为白色，"大小"为3，如图6-42所示。

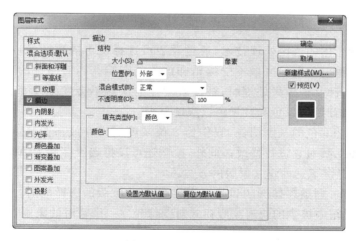

图6-42 设置描边颜色

（6）单击"确定"按钮，得到文字描边效果。新建一个图层，选择椭圆选框工具在图像右下方绘制一个圆形选区，填充为红色（R288，G22，B42），如图6-43所示。

（7）选择横排文字工具，在圆形中输入价格文字，并在属性栏中设置字体为宋体，填充为白色，适当调整文字大小，如图6-44所示，完成本实例的制作。

图 6-43 绘制红色圆形

图 6-44 输入文字

6.2 使用蒙版

在进行复杂图形的编辑时,使用蒙版功能可以使图像编辑变得更加容易掌握。下面通过具体的实例讲解各种蒙版的添加和应用方法。

6.2.1 认识蒙版

蒙版是一种专用的选区处理技术,通过蒙版可选择也可隔离图像,在图像处理时可屏蔽和保护一些重要的图像区域不受编辑和加工的影响。当对图像的其余区域进行颜色变化、滤镜效果和其他效果处理时,被蒙版蒙住的区域不会发生改变。当选中"通道"面板中的蒙版通道时,前景色和背景色以灰度显示。

蒙版是一种 256 色的灰度图像,它作为 8 位灰度通道存放在图层或通道中,用户可以使用绘图编辑工具对它进行修改。此外,蒙版还可以将选区存储为 Alpha 通道。

Photoshop 提供了三种建立蒙版的方法:

- 使用 Alpha 通道存储选区和载入选区,以作为蒙版的选择范围。
- 使用工具箱中提供的快速蒙版模式对图像建立一个暂时的蒙版,以方便对图像进行快速修饰。
- 在图层上添加某图层蒙版。

6.2.2 制作鞋类广告——应用矢量蒙版

本实例制作一个鞋类广告,在绘制过程中添加矢量蒙版。矢量蒙版是通过钢笔或形状工具创建的蒙版,与分辨率无关。矢量蒙版可在图层上创建锐边形状,无论何时需要添加边缘清晰分明的设计元素，都可以使用矢量蒙版。

本实例绘制的鞋类广告效果如图 6-45 所示。

图 6-45 鞋类广告

素材	\素材\第 6 章\6.2\云层背景.psd、高跟鞋.psd、花朵背景.jpg
效果	\效果\第 6 章\6.2\鞋类广告.psd
视频	\视频\第 6 章\6.2\制作鞋类广告.mp4

操作要点：

使用矢量蒙版可以对蒙版中的图像进行适当的编辑，然后隐藏所需的图像，让图像显得更加美观。

操作步骤：

（1）打开素材图像"云层背景.jpg"，选择横排文字工具，在图像右侧输入英文文字，并在属性栏中设置字体为 Brush Script MT，适当调整文字大小，如图 6-46 所示。

（2）按住 Ctrl 键单击文字图层，载入文字选区，然后隐藏文字图层。切换到"路径"面板中，单击"从选区生成工作路径"按钮 ，如图 6-47 所示，将选区转换为路径。

图 6-46 输入文字

图 6-47 绘制椭圆形

（3）打开素材图像"花朵背景.jpg"，使用移动工具将其拖曳到当前编辑的图像中，重叠的放到文字上方，如图 6-48 所示。

（4）选择"图层"→"矢量蒙版"→"当前路径"命令，隐藏文字以外的图像，得到矢量蒙版效果，如图 6-49 所示。

图 6-48　添加素材图像

图 6-49　添加矢量蒙版

技巧提示：

矢量蒙版同图层一样，也可以显示或隐藏。按住 Shift 键的同时单击矢量蒙版的缩略图，或选择"图层"→"矢量蒙版"→"停用"命令即可隐藏蒙版，此时蒙版缩略图变成 ✖ 图标。如果要彻底删除矢量蒙版，可选择"图层"→"矢量蒙版"→"删除"命令或拖动"图层"面板上的矢量蒙版到 🗑 图标上，并在打开的询问对话框中单击"确定"按钮。

（5）选择横排文字工具，继续在画面中输入其他文字，并在属性栏中设置字体为黑体，适当调整文字大小，参照图 6-50 所示的方式进行排列。

（6）打开素材图像"高跟鞋.psd"，使用移动工具将其拖曳到当前编辑的图像中，放到画面的左上方，如图 6-51 所示。

图 6-50　输入文字

图 6-51　完成效果

6.2.3　制作健康饮品广告——应用图层蒙版

本实例通过图层蒙版来绘制一个健康饮品广告。使用图层蒙版可以隐藏或显示图层中的部分图像。用户可以通过图层蒙版显示下一层图像中原来已经遮罩的部分。

Photoshop 提供了多种创建图层蒙版的方法，用户可以根据实际情况选择一种最适合自己的创建方法。下面介绍图层蒙版中两种最常见的创建方法：

（1）直接创建图层蒙版。通过"图层"面板底部的"添加图层蒙版"按钮 🔘 即可创建图层蒙版，如图 6-52 所示，这也是使用最频繁的创建方法。

（2）利用选区创建图层蒙版。在图像中创建所需的选区，单击"添加图层蒙版"按钮 🔘 即可创建图层蒙版。选择"图层"→"图层蒙版"命令，在弹出的子菜单中选择相应的

命令可显示或隐藏添加图层蒙版后的图像,如图 6-53 所示。

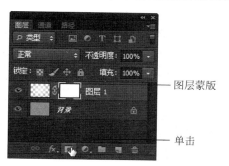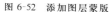

图 6-52 添加图层蒙版

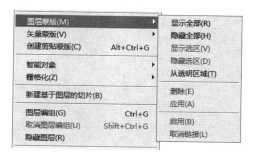

图 6-53 子菜单命令

本实例制作的健康饮品广告如图 6-54 所示。

图 6-54 健康饮品广告

素材	\素材\第 6 章\6.2\竹子.jpg、杯子.psd、树叶和文字.psd
效果	\效果\第 6 章\6.2\健康饮品广告.psd
视频	\视频\第 6 章\6.2\制作健康饮品广告.mp4

操作要点:

图层蒙版需要和画笔工具配合起来使用,添加图层蒙版后要确保前景色为黑色、背景色为白色,使用画笔工具才能对涂抹的图像进行隐藏。

操作步骤:

(1) 新建一个图像文件,设置前景色为绿色(R124,G192,B95),按 Alt＋Delete 键填充背景,如图 6-55 所示。

(2) 新建一个图层,设置前景色为白色,选择画笔工具,在属性栏中设置画笔的"不透明度"为 50%,适当调整画笔大小,在图像右上方绘制出光束,如图 6-56 所示。

(3) 打开素材图像"树叶和文字.psd",使用移动工具将其拖曳到当前编辑的图像中,分别放到图 6-57 所示的位置。

(4) 继续打开素材图像"竹子.psd",使用移动工具将其拖曳到当前编辑的图像中,放到画面右侧,如图 6-58 所示。

图 6-55 填充背景颜色

图 6-56 绘制光束

图 6-57 添加素材图像

图 6-58 添加竹子图像

（5）选择魔棒工具，单击属性栏中的"添加到选区"按钮，单击竹子图像中的白色背景，获取所有白色背景图像选区，如图 6-59 所示。

（6）按 Shift＋Ctrl＋I 键反选选区，然后单击"图层"面板底部的"添加图层蒙版"按钮，即可得到添加蒙版后的图像，如图 6-60 所示。

图 6-59 获取白色背景图像选区

图 6-60 反转选区并添加图层蒙版

（7）打开素材图像"杯子.psd"，使用移动工具将其拖曳到当前编辑的图像中，放到图像中间，如图 6-61 所示。

（8）按 Ctrl＋J 键复制一次杯子图层，选择"编辑"→"变换"→"垂直翻转"命令得到翻转图像，使用移动工具将其向下移动，如图 6-62 所示。

图 6-61　添加杯子图像

图 6-62　复制杯子图像并翻转

（9）选择"滤镜"→"模糊"→"高斯模糊"命令，打开"高斯模糊"对话框，设置"半径"为
8 像素，如图 6-63 所示。单击"确定"按钮，得到图像的模糊效果，如图 6-64 所示。

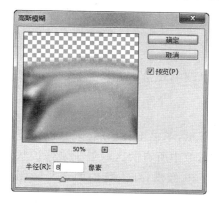

图 6-63　设置参数

图 6-64　模糊图像效果

（10）单击"图层"面板底部的"添加图层蒙版"按钮 ，为翻转的图像添加图层蒙版。
然后使用画笔工具对图像做适当的涂抹，再适当调整图像大小，得到倒影效果，如图 6-65
所示。

（11）选择横排文字工具，在图像底部输入地址和电话等信息，并在属性栏中设置字
体为黑体，适当调整文字大小，如图 6-66 所示，完成本实例的制作。

图 6-65　得到倒影图像

图 6-66　输入文字

6.2.4 制作彩色美瞳——应用快速蒙版

本实例通过快速蒙版来为人物制作彩色美瞳效果。快速蒙版是一种临时性的蒙版，是暂时在图像表面产生一种与保护膜类似的保护装置，其实质就是通过快速蒙版来绘制选区。

本实例制作的人物彩色美瞳效果如图 6-67 所示。

素材	\素材\第 6 章\6.2\花瓣美女.jpg
效果	\效果\第 6 章\6.2\彩色美瞳.psd
视频	\视频\第 6 章\6.2\制作彩色美瞳.mp4

图 6-67 美瞳效果

操作要点：

本例主要使用了快速蒙版功能，应用快速蒙版时也需要使用画笔工具对图像进行涂抹，然后得到羽化选区，并对选区中的图像进行编辑。

操作步骤：

（1）打开素材图像"花瓣美女.jpg"，如图 6-68 所示，单击工具箱底部的"以快速蒙版模式编辑"按钮▣，以进入快速蒙版编辑状态，这时图像中所有的区域处于未保护状态。

（2）选择画笔工具，在属性栏中设置画笔大小为 25 像素，在人物的两个眼睛图像中拖动鼠标进行涂抹，将眼珠图像完全选择，如图 6-69 所示。

图 6-68 素材图像

图 6-69 涂抹眼睛

（3）按 Q 键退出快速编辑状态，选择"选择"→"反向"命令退出蒙版状态，得到眼珠图像的选区，如图 6-70 所示。

（4）新建一个图层，选择渐变工具，在属性栏中单击渐变色条，打开"渐变编辑器"对话框，选择"色谱"，如图 6-71 所示。

（5）在属性栏中单击"线性渐变"按钮▣，然后在选区中斜拉鼠标进行填充，效果如图 6-72 所示。

（6）按 Ctrl＋D 键取消选区，设置图层 1 的图层混合模式为"叠加"，如图 6-73 所示。

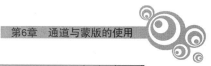

图 6-70　获取选区

图 6-71　设置渐变颜色

图 6-72　填充选区

图 6-73　设置图层混合模式

（7）设置好图层混合模式后，得到的图像效果如图 6-74 所示。然后使用橡皮擦工具在图像周围擦除溢出来的颜色，得到最终的图像效果，如图 6-75 所示。

图 6-74　图像效果

图 6-75　最终效果

6.3 拓展知识

在通道的应用中,还可以根据需要选择多个通道、复制通道,或是将多余的通道删除。

6.3.1 选择多个通道

创建通道后,还需要学习选择单个和多个通道,以方便绘图操作。在"通道"面板中单击某一通道即可选择该通道;按住 Shift 键的同时在"通道"面板中单击某一通道即可同时选择多个通道。

操作步骤:

(1)打开一幅图像文件,切换到"通道"面板中,单击"红"通道,如图 6-76 所示。

(2)按住 Shift 键的同时单击"绿"通道,即可将"红"通道和"绿"通道同时选中,如图 6-77 所示。

图 6-76　选择通道

图 6-77　选择多个通道

6.3.2 复制通道

通道与图层一样,都可以在面板中复制,不但可以在同一个文档中复制,还可以在不同文档中相互复制。

操作步骤:

(1)选择需要复制的通道(如"红"),单击"通道"面板右上方的三角形按钮 ▼≡,在弹出的下拉菜单中选择"复制通道"命令,如图 6-78 所示。

(2)选择"复制通道"命令后即可弹出"复制通道"对话框,如图 6-79 所示。

(3)在对话框中设置各选项后单击"确定"按钮,即可在"通道"面板中得到复制的通道,如图 6-80 所示。

(4)选择需要的通道(如"蓝"),按住鼠标左键将其拖动到面板底部的"创建新通道"按钮 ◻ 上,当光标变成 ♛ 形状时释放鼠标即可复制选择的通道,如图 6-81 所示。

图 6-78　弹出下拉菜单　　　　　　　　图 6-79　"复制通道"对话框

图 6-80　复制红色通道　　　　　　　　图 6-81　复制蓝色通道

技巧提示：

在通道上右击，在弹出的快捷菜单中选择"复制通道"命令即可；或者按住鼠标左键将其拖动到面板底部的"创建新通道"按钮上，当光标变成 形状时释放鼠标即可复制选择的通道。

6.3.3　删除通道

在完成图像的处理后，可以将多余的通道删除，因为多余的通道会改变图像文件大小，并且还影响计算机运行速度。

删除通道有以下三种方法：

（1）选择需要删除的通道，然后在通道上右击，在弹出的快捷菜单中选择"删除通道"命令。

（2）选择需要删除的通道，然后单击面板右上方的三角形按钮，在弹出的下拉菜单中选择"删除通道"命令。

（3）选择需要删除的通道，然后按住鼠标左键将其拖动到面板底部的"删除当前通道"按钮 上。

6.4 课后练习

本章主要讲解了通道与蒙版的使用等相关知识。下面通过相关的实例练习,加深巩固所学的知识。

课后练习 1——制作撕裂的照片

素材	\素材\第 6 章\6.4\美丽向日葵.jpg
效果	\效果\第 6 章\6.4\撕裂的照片.psd

结合本章所学知识,首先将背景图层转换为普通图层,然后缩小图像,使用套索工具绘制出裂痕选区,再通过通道制作出裂痕效果,如图 6-82 所示。

图 6-82　撕裂的照片

本实例的步骤分解如图 6-83 所示。

图 6-83　实例操作思路

操作提示:

(1)打开素材图像"美丽向日葵.jpg",双击背景图层,背景图层转换为普通图层,得到图层 0。

(2)新建图层 1,填充为白色。将图层 1 放到图层 0 的下方,选择图层 0,按下 Ctrl+T 键,然后按住 Shift+Alt 键中心缩小图像。

(3)选择"图层"→"图层样式"→"投影"命令,打开"图层样式"对话框,设置投影颜色为黑色,得到图像投影效果。

(4)切换到"通道"面板中,新建 Alpha1 通道。选择套索工具,随意选择图像的一半区域,填充为白色。

(5)选择"滤镜"→"像素化"→"晶格化"命令,打开"晶格化"对话框,设置单元格大小为10,产生边缘撕裂效果。

(6)返回 RGB 通道,选择"选择"→"载入选区"命令,在打开的对话框中选择 Alpha 1通道。按住 Ctrl 键移动选择区域即可得到撕裂的图像效果。

课后练习 2——制作旋转的图像

素材	\素材\第 6 章\6.4\荷花.jpg
效果	\效果\第 6 章\6.4\旋转荷花.psd

结合本章所学知识,首先为图像添加快速蒙版,然后应用多个滤镜命令,得到旋转图像,效果如图 6-84 所示。

图 6-84　旋转图像效果

本实例的步骤分解如图 6-85 所示。

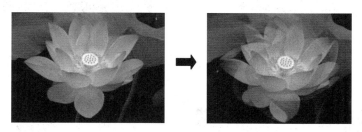

图 6-85　实例操作思路

操作提示:

(1)打开素材图像"荷花.jpg",在图像中创建椭圆选区。

(2)添加快速蒙版,对其应用"高斯模糊"、"旋转扭曲"等滤镜,得到旋转图像效果。

第 7 章　图层的应用

■ **学习目标**

图层的应用是 Photoshop 中非常重要的一个功能,本章介绍图层的各种应用,主要包括"图层"面板,图层的创建、复制、删除,以及对齐与分布图层等,还将介绍图层组的应用,利用图层混合效果和图层样式等制作出特殊图像。在本章的学习中,将通过多个实例的制作,以操作的方式对图层中的各种功能进行深入的了解和学习,并制作出精美的实例。

■ **重点内容**

- 创建新图层;
- 复制和删除图层;
- 链接、对齐与分布图层;
- 图层组的应用;
- 设置图层混合模式;
- 应用图层样式;
- 使用调整图层。

■ **案例效果**

7.1　图层的基本操作

在 Photoshop 中,图层的应用相当关键,也是非常重要的一个功能。本节介绍图层的基础应用,包括"图层"面板的使用、图层的基本操作、图层的编辑和管理等。

7.1.1　认识图层与"图层"面板

图层用来装载各种各样的图像,它是图像的载体。在 Photoshop 中,一个图像通常都是由若干个图层组成,如果没有图层,就没有图像存在。

例如,新建一个图像文档时,系统会自动在新建的图像窗口中生成一个背景图层,用户就可以通过绘图工具在图层上绘图。图 7-1 所示的图像就是由图 7-2～图 7-4 所示的三个图层中的图像组成。

图 7-1　图像效果

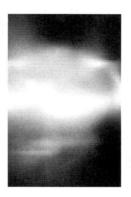
图 7-2　图像背景图层

图 7-3　图像文字图层

图 7-4　图像素材图层

在 Photoshop 中,默认情况下"图层"面板位于工作界面的右侧,主要用于存储、创建、复制或删除等图层管理工作。打开一个有多个图层的图像,如图 7-5 所示,其对应的"图层"面板如图 7-6 所示。

图 7-5　素材图形

图 7-6　"图层"面板

在"图层"面板中可以看到,最底部有一个锁定的图层,称为背景图层,其右侧有一个锁形图标,表示它被锁定,不能进行移动、更名等操作,而其他图层位于背景图层之上,可以进行任意移动或更名等常用操作。图层的最初名称由系统自动生成,也可根据需要将其指定成另外的名称,以便于管理。

如果要对图层进行重命名操作,可直接在图层名称上双击,此时图层名称呈现可编辑状态,如图 7-7 所示。输入所需的名称后,单击其他任意位置即可完成重命名图层的操作,如图 7-8 所示。

图 7-7　图层名称呈可编辑状态　　　　图 7-8　重命名后的图层名

7.1.2　制作水晶标志——创建新图层

本实例通过创建新图层来制作一个水晶标志。新建图层是指在"图层"面板中创建一个新的空白图层,并且新建的图层位于所选择图层的上方。创建图层之前,首先要新建或打开一个图像文档,可以通过"图层"面板快速创建新图层,也可以通过菜单命令来创建新图层。

创建新图层有两种方式:

(1)通过"图层"面板创建图层。单击"图层"面板底部的"创建新图层"按钮 ,可以快速创建具有默认名称的新图层,图层名依次为"图层 1、图层 2、图层 3、…"。由于新建的图层没有像素,所以呈透明显示。

(2)通过菜单命令创建图层。通过菜单命令创建图层,不但可以定义图层在"图层"面板中的显示颜色,还可以定义图层混合模式、不透明度和名称。

本实例绘制的水晶标志如图 7-9 所示。

效果	\效果\第 7 章\7.1\水晶标志.psd
视频	\视频\第 7 章\7.1\制作水晶标志.mp4

图 7-9　水晶标志

操作要点:

创建新图层时最简单的方法就是直接单击"图层"面板底部的"创建新图层"按钮 ,即可创建一个空白图层。

操作步骤:

(1) 新建一个图像文件,选择钢笔工具在图像中绘制一个 C 字图形,如图 7-10 所示。

(2) 单击"图层"面板底部的"创建新图层"按钮,得到新建的"图层 1",如图 7-11 所示。

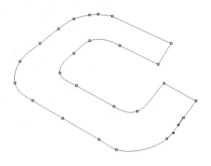

图 7-10　新建文件

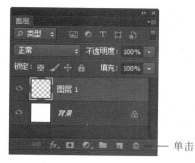

图 7-11　绘制小方格

(3) 按 Ctrl+Enter 键将路径转换为选区,设置前景色为蓝色(R58,G162,B254),按 Alt+Delete 键填充选区,如图 7-12 所示。

(4) 选择加深工具,在 C 字图像边缘处进行涂抹,做加深处理,效果如图 7-13 所示。

图 7-12　填充选区

图 7-13　加深边缘

(5) 在"图层"面板中双击"图层 1"文字,文字呈蓝色显示,如图 7-14 所示。用户可在其中重命名图层,将其改为"C 字",如图 7-15 所示。

图 7-14　双击图层文字

图 7-15　重命名图层

(6) 选择"图层"→"新建"→"图层"命令,或者按 Ctrl+Shift+N 键,打开"新建图层"

对话框,在其中可以直接设置图层名称等信息,如图 7-16 所示。

(7) 单击"确定"按钮,得到新建的图层,如图 7-17 所示。

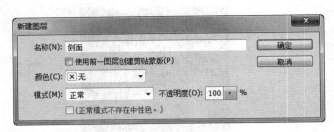

图 7-16 "新建图层"对话框 　　　　　　　　　图 7-17 新建的图层

(8) 选择钢笔工具绘制一个侧面图形,然后将路径转换为选区,填充为淡蓝色(R129,G216,B253),再使用加深工具对图像边缘应用加深效果,如图 7-18 所示。

(9) 再次新建一个图层,使用钢笔工具绘制其他侧面,应用不同深浅的蓝色填充,效果如图 7-19 所示。

图 7-18 绘制侧面图形 　　　　　　　　　图 7-19 绘制其他侧面

(10) 在 C 字形的接口处绘制一个四面方形的立体图形,分别对其应用不同深浅的蓝色,如图 7-20 所示。

(11) 使用钢笔工具分别绘制出立体图形中的各种明暗线条,并填充为不同深浅的蓝色,如图 7-21 所示。

图 7-20 绘制立体图形 　　　　　　　　　图 7-21 绘制线条

(12) 新建一个图层,结合钢笔工具、椭圆形工具和渐变工具的使用,绘制出中间的圆柱图像,如图 7-22 所示。

（13）选择横排文字工具,在标志图像下方单击,输入公司名称,并填充为蓝色(R37,G124,B220),这时在"图层"面板中自动生成一个文字图层,如图7-23所示。

图 7-22 绘制圆柱形

图 7-23 输入文字

（14）继续输入英文文字,将其填充为黑色,适当调整文字大小,效果如图7-24所示,完成本实例的制作。

7.1.3 制作卡通生日会——复制和删除图层

本实例通过复制和删除图层来制作一个卡通生日会图像。复制图层就是为一个已存在的图层创建副本,从而得到一个相同的图像,用户可以再对图层副本进行相关操作。可以通过以下三种方法对图层1进行复制。

图 7-24 完成效果

（1）选择需要复制的图层,选择"图层"→"复制图层"命令,打开"复制图层"对话框,保持对话框中的默认设置,单击"确定"按钮即可得到复制的图层。

（2）选择移动工具,将鼠标放到需要复制的图像中,当鼠标变成双箭头状态时按住Alt键进行拖动即可移动复制图像,并且得到复制的图层。

（3）在"图层"面板中将需要复制的图层直接拖动到下方的"创建新图层"按钮中,可以直接复制图层。

图 7-25 绘制卡通生日会

对于不需要的图层,可以使用菜单命令删除图层或通过"图层"面板删除图层,删除图层后该图层中的图像也将被删除。

（1）通过菜单命令删除图层。在"图层"面板中选择要删除的图层,然后选择"图层"→"删除"→"图层"命令,即可删除选择的图层。

（2）通过"图层"面板删除图层。在"图层"面板中选择要删除的图层,然后单击"图层"面板底部的"删除图层"按钮,即可删除选择的图层。

本实例绘制的卡通生日会图像如图7-25所示。

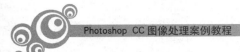

素材	\素材\第 7 章\7.1\卡通背景.psd、卡通水果.psd、可爱宝贝.jpg
效果	\效果\第 7 章\7.1\卡通生日会.psd
视频	\视频\第 7 章\7.1\制作卡通生日会.mp4

操作要点：

复制和删除图层可以将该图层中的所有图层全部复制或删除，所以在执行该操作时，首先要确认图像是否在同一图层。

操作步骤：

（1）打开素材图像"卡通背景.psd"，可以在"图层"面板中看到，除了背景图层外，还有两个隐藏的图层，如图 7-26 所示。

（2）选择"熊熊菲菲"图层，按 Delete 键可直接删除该图层；再选择"椰子 2"图层，单击"图层"面板底部的"删除图层"按钮 🗑 将该图层删除，如图 7-27 所示。

图 7-26　打开素材图像

图 7-27　删除图层

（3）打开素材图像"卡通水果.psd"，选择"草莓"图层，使用移动工具将草莓图像直接拖曳到当前编辑的图像中，放到画面右上方，这时"图层"面板中自动增加该图层，如图 7-28 所示。

（4）选择"图层"→"复制图层"命令，打开"复制图层"对话框，可以在其中设置复制的图层名称，如图 7-29 所示。

图 7-28　增加图层

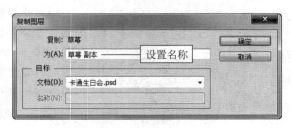

图 7-29　复制图层

（5）单击"确定"按钮,得到复制的图层,如图 7-30 所示。将该图层图像向左侧移动,并适当调整图像方向,如图 7-31 所示。

图 7-30　复制的图层

图 7-31　移动图像

（6）分别将其他图像拖曳到当前编辑的画面中,适当调整图像方向,参照图 7-32 所示的样式进行排列。

（7）打开素材图像"可爱宝贝.jpg",使用移动工具将其拖曳到当前编辑的画面中,适当调整图像大小,放到图像右侧,如图 7-33 所示。

图 7-32　添加其他图像

图 7-33　添加素材图像

（8）选择橡皮擦工具,在属性栏中设置画笔大小为 100 像素,"不透明度"为 50%,为人物图像边缘做擦除处理,效果如图 7-34 所示,完成本实例的制作。

7.1.4　制作百叶窗图像——链接、对齐与分布图层

本实例通过链接、对齐和分布图层来制作一个百叶窗图像。图层的链接是指将多

图 7-34　擦除图像

177

个图层链接成一组,可以同时对链接的多个图层进行移动、变换和复制操作。按住 Ctrl 键选择需要链接的图层,如图 7-35 所示。单击"图层"面板底部的链接图层按钮 ,链接后的图层名称右侧会出现链接图标 ,表示被选择的图层已被链接,如图 7-36 所示。

图 7-35 选择图层

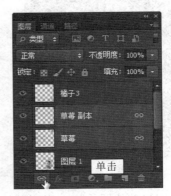

图 7-36 链接图层

技巧提示:

如果要取消已经链接的图层,则需要先选择所有的链接图层,然后单击"图层"面板底部的链接图层按钮,即可取消图层的链接。

将图层链接后,可以对图层中的图像做对齐和分布操作。对齐图层和分布图层的方法如下:

(1) 图层的对齐是指将链接后的图层按一定的规律对齐。选择"图层"→"对齐"命令,在其子菜单中选择所需的子命令即可,如图 7-37 所示。也可通过工具箱中的移动工具来实现对齐,只需单击该工具属性栏中对齐按钮组 上的相应对齐按钮,从左至右分别为上对齐、水平居中、下对齐、左对齐、垂直居中和右对齐。

(2) 图层的分布是指将三个以上的链接图层按一定规律在图像窗口中进行分布。选择"图层"→"分布"命令,在其子菜单中选择所需的子命令即可,如图 7-38 所示。单击移动工具属性栏中"分布"按钮组 上的相应对齐按钮也可实现分布,从左至右分别为顶边分布、垂直居中分布、底边分布、左边分布、水平居中分布和右边分布。

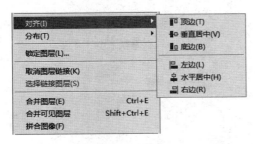

图 7-37 对齐图层

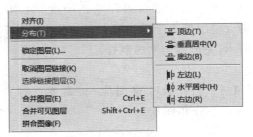

图 7-38 分布图层

本实例绘制的百叶窗图像如图 7-39 所示。

图 7-39 绘制百叶窗图像

素材	\素材\第 7 章\7.1\铁塔.jpg
效果	\效果\第 7 章\7.1\百叶窗图像.psd
视频	\视频\第 7 章\7.1\制作百叶窗图像.mp4

操作要点：

链接图层后，选择其中一个图层就可以将相连接的图层图像一起移动。而对齐与分布图层，则需要选择所需的所有图层才能进行操作。

操作步骤：

（1）打开素材图像"铁塔.jpg"，如图 7-40 所示。单击"图层"面板底部的"创建新图层"按钮■，新建一个图层，得到图层 1，将其"不透明度"设置为 25％，如图 7-41 所示。

图 7-40 素材图像

图 7-41 新建图层

（2）选择工具箱中的矩形选框工具，在图像上方绘制一个矩形选区，如图 7-42 所示。

（3）设置前景色为白色，按 Alt＋Delete 键填充选区，然后再按 Ctrl＋D 键取消选区，得到白色透明矩形，如图 7-43 所示。

（4）连续按 14 次 Ctrl＋J 键，为图层 1 复制出 14 个副本图层，名称为"图层 1 副本"～"图层 1 副本 14"，如图 7-44 所示，这时的图像效果如图 7-45 所示。

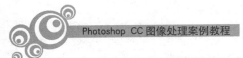

图 7-42　绘制矩形选区

图 7-43　填充选区

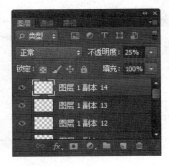

图 7-44　复制多个图层

图 7-45　图像效果

　　（5）选择图层 1，然后使用工具箱中的移动工具，在图像窗口中将当前图层拖动调整到画面底部，如图 7-46 所示。

　　（6）选择图层 1 副本 14，同样使用移动工具，在图像窗口中将其拖动调整到画面上端，如图 7-47 所示。

图 7-46　移动图层 1 图像

图 7-47　移动图层 1 副本 14 图像

　　（7）选择图层 1，按住 Shift 键单击图层 1 副本 14，同时选择图层 1 到图层 1 副本 14 之间的所有图层，如图 7-48 所示。

　　（8）选择移动工具，单击工具属性栏中对齐组中的"左对齐"按钮，对齐后的效果如图 7-49 所示。

　　（9）接着再单击工具属性栏中分布组中的"垂直居中"按钮，分布后的效果如图 7-50 所示，完成本实例的操作。

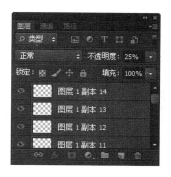

图 7-48　选择多个图层

图 7-49　对齐后的图像效果

图 7-50　分布图像

7.2　图层的管理与应用

在绘制图像的过程中,可以通过图层进行编辑和管理,这样能够更好地应用图层,制作出需要的效果,使图像效果变得更加完美。

7.2.1　制作公益广告——图层组的应用

本实例通过创建图层组来制作公益广告。图层组是用来管理和编辑图层的,因此可以将图层组理解为一个装有图层的器皿,无论图层是否在图层组内,对图层所做的编辑都不会受到影响。

创建图层组主要有如下几种方法:

- 单击"图层"面板底部的"创建新组"按钮 ▢。
- 选择"图层"→"新建"→"从图层创建组"命令,可以将普通图层直接创建到图层组中。
- 选择"图层"→"新建"→"组"命令,可以创建新的图层组。

- 按住 Alt 键的同时单击"图层"面板底部的"创建新组"按钮 ■。
- 单击"图层"面板右上角的 ▼≡ 按钮,在弹出的下拉菜单中选择"新建组"命令。

本实例绘制的公益广告图像效果如图 7-51 所示。

图 7-51　公益广告

素材	\素材\第 7 章\7.2\天空.jpg、树叶.psd、青年.psd
效果	\效果\第 7 章\7.2\公益广告.psd
视频	\视频\第 7 章\7.2\制作公益广告.mp4

操作要点:

对于较多图层,不好整理的时候可以选择所需的图层后为图层编组。移动图层组就可以移动所有编组的图层。

操作步骤:

(1) 打开素材图像"天空.jpg",选择横排文字工具,在图像左上方输入文字,并在属性栏中设置字体为黑体,适当调整文字大小,如图 7-52 所示。

(2) 打开素材图像"青年.psd",选择移动工具分别将多个人物图像拖曳到当前编辑的图像中,参照图 7-53 所示的样式进行排列。

图 7-52　输入文字

图 7-53　添加素材图像

（3）这时"图层"面板中将显示多个人物图层，如图 7-54 所示，按住 Ctrl 键选择所有人物图层，选择"图层"→"图层编组"命令将所选择的图层变为一组，得到"组 1"，如图 7-55 所示。

图 7-54 添加素材图像

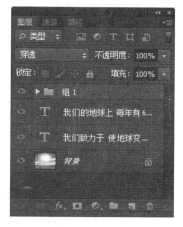

图 7-55 图层编组

技巧提示：

在对图层进行编组时，可以直接按 Ctrl＋G 键得到图层组。

（4）双击组 1 文字即可在其中更改图层组名称，如图 7-56 所示。

（5）选择"图层"→"新建"→"组"命令，打开"新建组"对话框，设置名称为"树叶"，如图 7-57 所示。

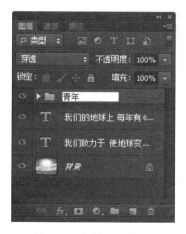

图 7-56 更改图层组名称

图 7-57 "新建组"对话框

（6）单击"确定"按钮，得到一个新建的图层组，如图 7-58 所示。打开素材图像"树叶.psd"，分别将树叶图像拖动过来放到该图层组中，如图 7-59 所示。

（7）将添加的树叶图像放到画面的右上方，参照图 7-60 所示的方式排列，完成本实例的制作。

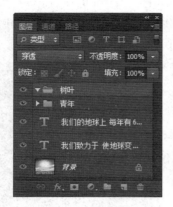

图 7-58　得到图层组

图 7-59　添加素材图像

图 7-60　完成效果

7.2.2　制作魔幻时钟——设置图层混合效果

本实例通过设置图层混合模式来制作魔幻时钟。在 Photoshop 中经常会对图像进行合成处理，而图层混合模式是使用最为频繁的技术，它通过控制当前图层和位于其下的图层之间的像素作用模式，从而使图像产生奇妙的效果。

本实例绘制的魔幻时钟图像效果如图 7-61 所示。

素材	\素材\第 7 章\7.2\星空背景.jpg、数字.psd
效果	\效果\第 7 章\7.2\魔幻时钟.psd
视频	\视频\第 7 章\7.2\制作魔幻时钟.mp4

操作要点：

在设置图层混合模式时，可以多选择几次混合模式，对比一下图像混合效果，才能达到最佳的效果。

图 7-61　魔幻时钟

操作步骤：

（1）打开素材图像"星空背景.jpg"，在该图像中绘制一个魔幻时钟，如图 7-62 所示。

（2）新建一个图层，设置前景色为白色，按 Alt＋Delete 键填充颜色，如图 7-63 所示。

图 7-62　打开素材图像

图 7-63　填充图像

（3）单击"正常"右侧的三角形按钮，在弹出的下拉列表中选择"叠加"混合模式，如图 7-64 所示，得到的图像效果如图 7-65 所示。

图 7-64　设置图层混合模式

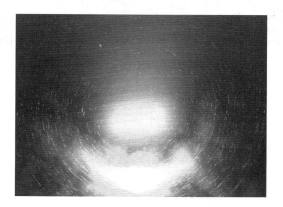

图 7-65　图像效果

（4）选择橡皮擦工具在图像中间做一定程度的擦除，得到的图像效果如图 7-66 所示。

（5）新建一个图层，选择渐变工具，单击属性栏中的渐变色条，打开"渐变编辑器"对话框，设置颜色为黑、白、黑、黑交替效果，如图 7-67 所示。

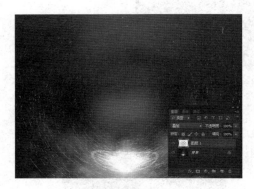

图 7-66　擦除图像

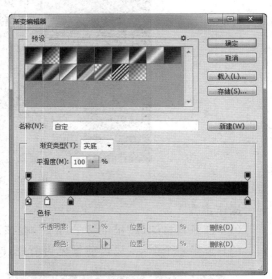

图 7-67　设置渐变颜色

（6）选择椭圆选框工具在图像中绘制一个正圆形选区，然后再使用渐变工具在选区中间按住鼠标左键向外拖动，对其应用径向渐变填充，效果如图 7-68 所示。

（7）在"图层"面板中设置图层 2 的"不透明度"参数为 60％，效果如图 7-69 所示。

图 7-68　渐变填充选区

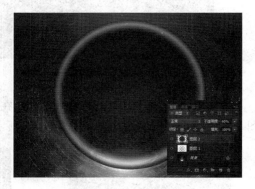

图 7-69　设置不透明度参数

技巧提示：

在"图层"面板右上方的"不透明度"下拉列表框中可以输入数值，范围是 0～100％。当图层的不透明度小于 100％时将显示该图层下面的图像，值越小，图像就越透明。当值为 0 时，该图层将不会显示，完全显示下一层图像内容。

（8）设置该图层的混合模式为"颜色减淡"，效果如图 7-70 所示。

（9）打开素材图像"数字.psd"，使用移动工具分别将数字和指针图像拖曳到当前编辑的图像中，适当调整图像大小，放到时钟的中间，如图 7-71 所示。

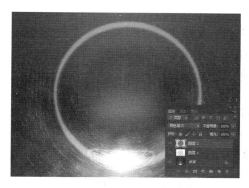

图 7-70　设置图层混合模式

图 7-71　添加素材图像

（10）打开素材图像"黑球.psd"，使用移动工具将该图像拖曳到当前编辑的图像中，适当调整图像大小，放到画面中间，如图 7-72 所示。

（11）这时"图层"面板中将自动增加一个图层，设置该图层的混合模式为"颜色减淡"，效果如图 7-73 所示。

图 7-72　添加黑球图像

图 7-73　设置图层混合模式

（12）新建一个图层，选择椭圆选框工具，在时钟中间绘制一个圆形选区，并使用渐变工具对其应用径向渐变填充，设置颜色从黑色到白色，如图 7-74 所示。

（13）在"图层"面板中设置该图层的混合模式为"线性减淡"，得到光点图像效果，如图 7-75 所示，完成本实例的操作。

图 7-74　绘制圆球图像

图 7-75　完成效果

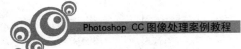

参数详解：

Photoshop 提供了 20 多种图层混合模式，它们全部位于"图层"面板左上角的"正常"下拉列表中，如图 7-76 所示。为图像设置混合模式非常简单，只需将各个图层排列好，然后选择要设置混合模式的图层，并为其选择一种混合模式即可。

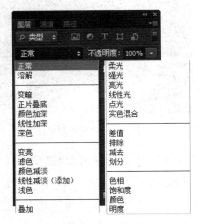

图 7-76　图层混合模式

"图层"面板中的各项混合模式的含义如下：

- 正常：这是系统默认的图层混合模式，上面图层中的图像完全遮盖下面的图层上对应的区域。

- 溶解：如果上面图层中的图像具有柔和的半透明效果，选择该混合模式可生成像素点状效果。

- 变暗：选择该模式后，上面图层中较暗的像素将代替下面图层中与之相对应的较亮像素，而下面图层中较暗的像素将代替上面图层中与之相对应的较亮像素，从而使叠加后的图像区域变暗。

- 正片叠底：该模式将上面图层中的颜色与下面图层中的颜色进行混合相乘，形成一种光线透过两张叠加在一起的幻灯片的效果，从而得到比原来的两种颜色更深的颜色效果。

- 颜色加深：该模式增强上面图层与下面图层之间的对比度，从而得到颜色加深的图像效果。

- 颜色减淡：该模式通过减小上下图层中像素的对比度来提高图像的亮度。

- 线性加深：该模式查看每个颜色通道中的颜色信息，加暗所有通道的基色，并通过提高其他颜色的亮度来反映混合颜色。此模式对于白色不发生任何变化。

- 线性减淡（添加）：该模式与"线性加深"模式的作用刚好相反，它是通过加亮所有通道的基色，并通过降低其他颜色的亮度来反映混合颜色。此模式对黑色不发生任何变化。

- 变亮：该模式与"变暗"模式作用相反，它将下面图像中比上面图像中更暗的颜色作为当前显示颜色。

- 滤色：该模式将上面图层与下面图层中相对应的较亮颜色进行合成，从而生成一种漂白增亮的图像效果。

- 叠加：该模式根据下层图层的颜色，与上面图层中相对应的颜色进行相乘或覆盖，产生变亮或变暗的效果。

- 柔光：该模式根据下面图层中颜色的灰度值与对上面图层中相对应的颜色进行处理，高亮度的区域更亮，暗部区域更暗，从而产生一种柔和光线照射的效果。

- 强光：该模式与"柔光"模式类似，也是将下面图层中的灰度值与对上面图层进行处理，所不同的是产生的效果就像一束强光照射在图像上一样。

- 亮光：该模式通过增大或减小上下图层中颜色的对比度来加深或减淡颜色，具体取决于混合色。如果混合色比 50％灰色亮，则通过减小对比度使图像变亮；如果混合色比 50％灰色暗，则通过增加对比度使图像变暗。

- 线性光：该模式通过减小或增大上下图层中颜色的亮度来加深或减淡颜色，具体取决于混合色。如果混合色比 50％灰色亮，则通过增大亮度使图像变亮；如果混合色比 50％灰色暗，则通过减小亮度使图像变暗。

- 点光：该模式与"线性光"模式相似，是根据上面图层与下面图层的混合色来决定替换部分较暗或较亮像素的颜色。

- 实色混合：该模式根据上面图层与下面图层的混合色产生减淡或加深效果。

- 差值：该模式将上面图层与下面图层中颜色的亮度值进行比较，将两者的差值作为结果颜色。当不透明度为 100％时，白色全部反转，而黑色保持不变。

- 排除：该模式由亮度决定是否从上面图层中减去部分颜色，得到的效果与"差值"模式相似，只是它更柔和一些。

- 色相：该模式只是将上下图层中颜色的色相相融，形成特殊的效果，并不改变下面图层的亮度与饱和度。

- 饱和度：该模式只是将上下图层中颜色的饱和度相融，形成特殊的效果，并不改变下面图层的亮度与色相。

- 颜色：该模式只将上面图层中颜色的色相和饱和度融到下面图层中，并与下面图层中颜色的亮度值进行混合，不改变其亮度。

- 明度：该模式与"颜色"模式相反，它只将当前图层中颜色的亮度融到下面图层中，不改变下面图层中颜色的色相和饱和度。

7.2.3　制作糖果文字——应用图层样式

本实例通过图层样式来制作一个糖果文字。在 Photoshop 中可以为图层添加样式，使图像呈现出不同的艺术效果。Photoshop 内置了 10 多种图层样式，使用它们只需简单设置几个参数就可以轻易地制作出投影、外发光、内发光、浮雕、描边等效果。

本实例绘制的糖果文字效果如图 7-77 所示。

图 7-77　糖果文字

素材	\素材\第 7 章\7.2\糖果背景.jpg
效果	\效果\第 7 章\7.2\糖果文字.psd
视频	\视频\第 7 章\7.2\制作糖果文字.mp4

操作要点：

在"图层样式"对话框中可以直接选择左侧的各种项目，为图像添加图层样式，然后在右侧设置相应的参数。

操作步骤：

（1）打开素材图像"糖果背景.jpg"，选择横排文字工具，在图像中输入文字，并在属性栏中设置字体为较粗的黑体，适当调整文字大小，如图 7-78 所示。

（2）选择"图层"→"图层样式"→"斜面和浮雕"命令，打开"图层样式"对话框，在"结构"选项区域中设置样式为"内斜面"，"深度"为 72、"大小"为 10、"软化"为 2。在"阴影"选项区域中设置"高光模式"为"线性减淡"，颜色为白色；"阴影模式"为"颜色减淡"，颜色为紫色（R252,G0,B255），如图 7-79 所示。

图 7-78　输入文字

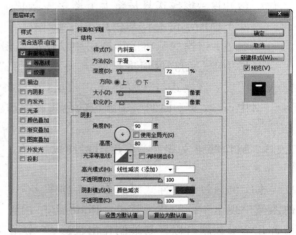

图 7-79　设置"斜面和浮雕"样式

参数详解：

"斜面和浮雕"样式中的各项含义如下：

- 混合模式：用来设置投影图像与原图像间的混合模式。单击后面的小三角按钮，可在弹出的下拉菜单中选择不同的混合模式，通常默认模式产生的效果最理想。其右侧的颜色块用来控制投影的颜色，单击它可在打开的"拾色器（投影颜色）"对话框中设置另一种颜色，系统默认为黑色。

- 不透明度：用来设置投影的不透明度，可以拖动滑块或直接输入数值进行设置。

- 角度：用来设置光照的方向，投影在该方向的对面出现。

- 使用全局光：选中该选项，图像中所有图层效果使用相同光线照入角度。

- 距离：设置投影与原图像间的距离，值越大，距离越远。

- 扩展：设置投影的扩散程度，值越大，扩散越多。

- 大小：用于调整阴影模糊的程度，值越大越模糊。
- 等高线：用来设置投影的轮廓形状。
- 消除锯齿：用来消除投影边缘的锯齿。
- 杂色：用于设置是否使用噪声点来对投影进行填充。

（3）选择对话框左侧的"描边"选项，设置描边"大小"为3像素，"位置"为"外部"，再设置"填充类型"为"渐变"，单击渐变色条，设置颜色从紫色（R255，G0，B186）到黑色（R255，G255，B255）再到紫色（R255，G0，B186），如图7-80所示。这时可以预览到图像效果如图7-81所示。

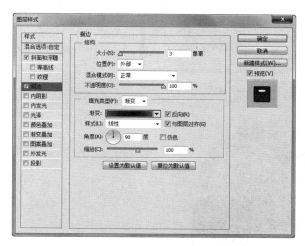

图7-80 设置"描边"样式

图7-81 图像效果

参数详解：

"描边"样式中的各项含义如下：

- 大小：用于设置描边的宽度。
- 位置：用于设置描边的位置，可以选择"外部"、"内部"或"居中"三个选项。
- 填充类型：用于设置描边填充的内容类型，包括"颜色"、"渐变"和"图案"三种类型，每个类型针对的填充方式不同，用户可根据需要设置不同的颜色填充效果。

（4）选择对话框左侧的"图案叠加"选项，设置"混合模式"为"正常"，再单击"图案"右侧的图标，在弹出的面板中选择一种曲线形图案样式，如图7-82所示。

（5）单击"确定"按钮，得到图案叠加后的效果，并且在"图层"面板中得到添加图层样式后的效果，如图7-83所示。

（6）在文字图层右侧双击灰色空白处，可以打开"图层样式"对话框，选择"颜色叠加"选项，设置"混合模式"为"滤色"，再单击右侧的色块，设置颜色为深红色（R59，G25，B0），如图7-84所示。

（7）选择"渐变叠加"选项，设置"混合模式"为"正片叠底"，单击渐变色条，设置颜色从深紫色（R104，G14，B64）到玫红色（R255，G0，B142），如图7-85所示。

（8）这时可以通过预览看到文字效果，如图7-86所示。

（9）选择"内阴影"选项，设置阴影颜色为黑色，然后再设置各选项参数，如图7-87所示。

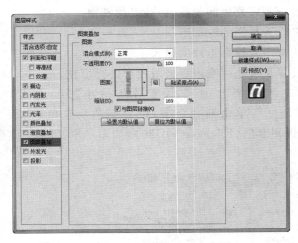

图 7-82 设置"图案叠加"样式

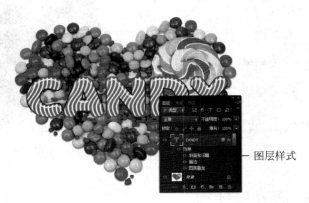

图层样式

图 7-83 文字效果

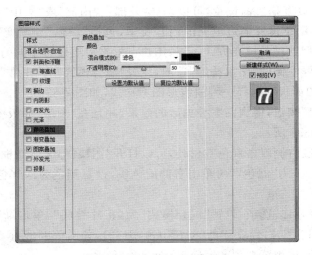

图 7-84 设置"颜色叠加"样式

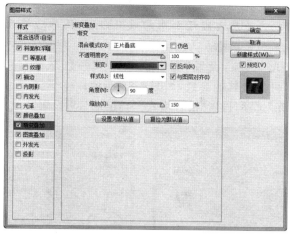

图 7-85 设置 "渐变叠加" 样式

图 7-86 文字效果

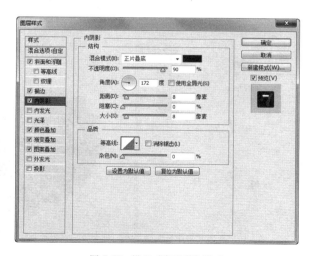

图 7-87 设置 "内阴影" 样式

技巧提示：

"内阴影"样式可以为图层内容增加阴影效果，即沿图像边缘向内产生投影效果，使图像产生一定的立体感和凹陷感。

（10）选择"内发光"选项，设置"混合模式"为"颜色减淡"，内发光颜色为淡黄色（R255，G255，B190），再设置其他参数，如图 7-88 所示。

（11）选择"外发光"选项，设置"混合模式"为"正常"，再设置其他参数，如图 7-89 所示。

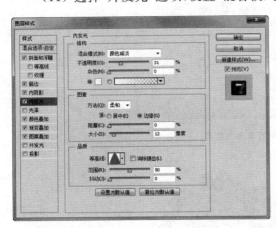
图 7-88　设置"内发光"样式

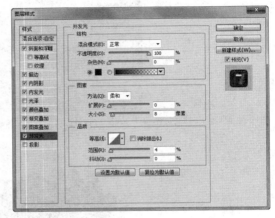
图 7-89　设置"外发光"样式

技巧提示：

在 Photoshop 图层样式中提供了两种光照样式，即"外发光"样式和"内发光"样式。使用"外发光"样式可以为图像添加从图层外边缘发光的效果。"内发光"样式与"外发光"样式刚好相反，是指在图层内容的边缘以内添加发光效果。

（12）选择"投影"选项，设置"混合模式"为"正常"，颜色为黑色，再设置其他参数，如图 7-90 所示。

（13）单击"确定"按钮，得到文字的投影效果，如图 7-91 所示，完成本实例的操作。

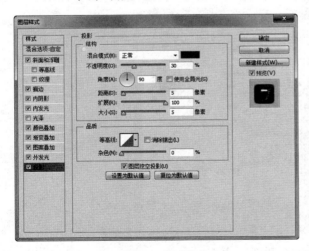
图 7-90　设置"投影"样式

图 7-91　完成效果

7.2.4 制作电影海报——使用调整图层

本实例通过调整图层来制作一个电影海报。调整图层类似于图层蒙版,它由调整缩略图和图层蒙版缩略图组成。调整缩略图由于创建调整图层时选择的色调或色彩命令不一样而显示出不同的图像效果;图层蒙版随调整图层的创建而创建,默认情况下填充为白色,即表示调整图层对图像中的所有区域起作用;调整图层名称会随着创建调整图层时选择的调整命令来显示,例如当创建的调整图层是用来制作特殊色调时,选择调整图层中的"色调分离"命令,则名称为"色调分离1",如图7-92所示。

本实例绘制的电影海报效果如图7-93所示。

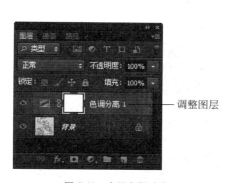

图 7-92 应用色调分离

图 7-93 电影海报

素材	\素材\第7章\7.2\科技背景.jpg
效果	\效果\第7章\7.2\电影海报.psd
视频	\视频\第7章\7.2\制作电影海报.mp4

操作要点:

在使用调整图层后,可以在"图层"面板中双击该图层,对调整图层重新编辑,这样能够方便用户反复修改图像效果。

操作步骤:

(1)打开素材图像"科技背景.jpg",如图7-94所示,通过创建调整图层改变图像颜色,制作出一个电影海报。

(2)选择"图层"→"新建调整图层"→"色相/饱和度"命令,打开"新建图层"对话框,在其中可以设置图层名称,如图7-95所示。

图 7-94　素材图像

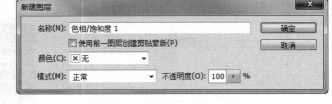

图 7-95　新建调整图层

（3）单击"确定"按钮，自动切换到"属性"面板中，设置"色相"为 23、"饱和度"为 17、"明度"为 0，如图 7-96 所示。这时"图层"面板中自动增加一个调整图层，如图 7-97 所示。

图 7-96　设置参数

图 7-97　添加的调整图层

（4）单击"图层"面板底部的"创建新的填充或调整图层"按钮 ，在弹出的下拉菜单中选择"色彩平衡"命令，如图 7-98 所示。

（5）切换到"属性"面板中，设置"色调"为"中间调"，参数分别为 100，－2，66，如图 7-99 所示。

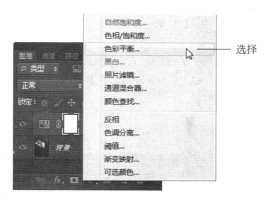

图 7-98 选择命令　　　　　　　　　　　　图 7-99 设置参数

（6）再添加一个"色彩平衡"调整图层，设置参数分别为－100，－11，100，如图 7-100 所示。这时"图层"面板中得到"色彩平衡 2"图层，如图 7-101 所示。

图 7-100 设置参数　　　　　　　　　　　图 7-101 得到调整图层

（7）再添加一个"色彩平衡"调整图层，设置参数分别为－100，56，－48，如图 7-102 所示。这时得到的图像效果如图 7-103 所示。

图 7-102 设置参数　　　　　　　　　　　图 7-103 图像效果

（8）选择横排文字工具 T ，在图像下方输入电影名称，填充为白色，并在属性栏中设置字体为黑体，如图 7-104 所示。

（9）选择"图层"→"图层样式"→"渐变叠加"命令，打开"图层样式"对话框，设置渐变颜色从橘红色（R204，G66，B59）到黄色（R249，G237，B186），再设置其他参数，如图 7-105 所示。

图 7-104　输入文字

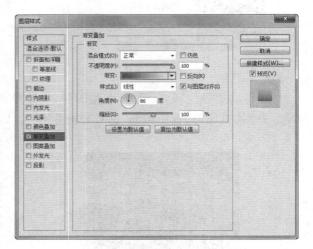

图 7-105　设置"渐变叠加"样式

（10）单击"确定"按钮，得到渐变文字效果，如图 7-106 所示。

（11）继续输入其他文字，并在属性栏中设置字体为黑体，填充为淡黄色（R249，G237，B186），再适当调整图像大小，将文字排列成图 7-107 所示的样式。

图 7-106　渐变文字

图 7-107　添加其他文字

（12）新建一个图层，选择矩形选框工具在"上映时间"上下两侧分别绘制一条细长的矩形选区，填充为淡黄色（R249，G237，B186），如图 7-108 所示，完成本实例的制作。

图 7-108　绘制细长矩形

7.3　拓展知识

在图层的应用中，除了前面介绍的知识外，还可以进行图层排列顺序的调整、图层组编辑、图层合并、背景图层转换普通图层和自动混合图层等操作。

7.3.1　调整图层的排列顺序

当图层图像中含有多个图层时，默认情况下 Photoshop 会按照一定的先后顺序来排列图层。用户可以通过调整图层的排列顺序创造出不同的图像效果。

操作步骤：

改变图层顺序的具体操作方法如下：

（1）新建一个文档，然后参照图 7-109 所示的效果创建图层，并选择"图层 2"图层，使其成为当前可编辑图层。

（2）选择"图层"→"排列"命令，在打开的子菜单中可以选择不同的顺序，如图 7-110 所示。用户可以根据需要选择相应的排列顺序。

（3）选择"置为顶层"命令即可将"图层 2"调整到"图层"面板的顶部，如图 7-111 所示。然后选择"后移一层"命令，将"图层 2"图层移动到"图层 4"图层的下方，如图 7-112 所示。

（4）也可以使用鼠标在"图层"面板中直接移动图层来调整其顺序。在"图层"面板中按住图 7-113 所示的"图层 1"图层并向上拖动，可以直接将该图层移动，得到的效果如图

7-114 所示。

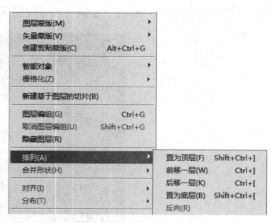

图 7-109　选择需要排序的图层　　　　　　　　　　图 7-110　排列子菜单

图 7-111　置为顶层　　　　　　　　　　图 7-112　后移一层

图 7-113　拖动图层　　　　　　　　　　图 7-114　调整后的图层

7.3.2　编辑图层组

　　图层组的编辑主要包括增加或移除图层组内的图层，以及对图层组的删除操作。

1. 增加或移除组内图层

在"图层"面板中选择要添加到图层组中的图层,按住鼠标左键并拖至图层组上,当图层组周围出现黑色实线框时释放鼠标,即可完成向图层组内添加图层的操作。如果想将图层组内的某个图层移动到图层组外,只需将该图层拖放至图层组外后释放鼠标即可。

2. 删除图层组

删除图层组的方法与删除图层的操作方法一样,只需在"图层"面板中拖动要删除的图层组到"删除图层"按钮 🗑 上,如图 7-115 所示。或单击"删除图层"按钮 🗑 ,然后在打开的提示对话框中单击相应的按钮即可,如图 7-116 所示。

图 7-115 拖动图层组到删除按钮上　　　　　　图 7-116 提示对话框

如果在提示对话框中单击"仅组"按钮,则只删除图层组,并不删除图层组内的图层,如图 7-117 所示;如果单击"组和内容"按钮,则不但会删除图层组,而且还会删除组内的所有图层,如图 7-118 所示。

图 7-117 仅删除图层组　　　　　　　　图 7-118 删除组和内容

技巧提示:

在默认状态下,Photoshop 中的背景层都是锁住不能删除的,但是可以通过双击它,把它变成普通层,这样即可对它进行移动、删除等编辑操作。

7.3.3 合并图层

合并图层是指将几个图层合并成一个图层,这样做不仅可以减小文件大小,还可以方便用户对合并后的图层进行编辑。合并图层有几种方式,下面分别介绍各种合并图层

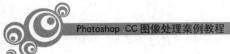

的操作方式。

1. 向下合并图层

向下合并图层就是将当前图层与它底部的第一个图层合并。例如,将图 7-119 所示 "三角形"图层合并到"圆形"图层中。可以先选择"三角形"图层,然后选择"图层"→"合 并图层"命令或按 Ctrl+E 键,即可将"三角形"图层中的内容向下合并到"圆形"图层中, 如图 7-120 所示。

图 7-119　合并前的图层

图 7-120　合并后的图层

2. 合并可见图层

合并可见图层就是将当前所有的可见图层合并成一个图层,选择"图层"→"合并可 见图层"命令即可。图 7-121 和图 7-122 所示分别为合并可见图层前后的图层显示效果。

图 7-121　合并前的图层

图 7-122　合并后的图层

3. 拼合图层

拼合图层就是将所有可见图层合并,而隐藏的图层被丢弃,选择"图层"→"拼合图 像"命令即可。图 7-123 和图 7-124 所示分别为拼合图层前后的图层显示效果。

技巧提示:

在"图层"面板中按住 Ctrl 键选择所需合并的图层,然后选择"图层"→"合并图层"命 令或按 Ctrl+E 键,可以将离得较远的图层合并。

图 7-123　拼合前的图层

图 7-124　拼合后的图层

7.3.4　背景图层转换普通图层

在默认情况下，背景图层是锁定的，不能进行移动和变换操作。这样会对图像处理操作带来不便，这时用户可以根据需要将背景图层转换为普通图层。

操作步骤：

将背景图层转换为普通图层的操作方法如下：

（1）新建一个图像文件，可以看到其背景图层为锁定状态，如图 7-125 所示。

（2）在"图层"面板中双击背景图层即可打开"新建图层"对话框，其默认的"名称"为"图层 0"，如图 7-126 所示。

（3）设置图层各选项后，单击"确定"按钮即可将背景图层转换为普通图层，如图 7-127 所示。

图 7-125　背景图层

图 7-126　"新建图层"对话框

图 7-127　转换的图层

技巧提示：

在"图层"面板中双击图层的名称可以激活图层的名称，然后可以方便地对图层名称进行修改。

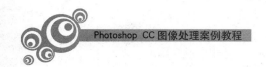

7.3.5 自动混合图层

在 Photoshop 中有一个"自动混合图层"命令,通过它可以自动对比图层,将不需要的部分抹掉,并且可以自动将混合的部分进行平滑处理,而不需要再对其进行复杂的选取和处理。

操作步骤:

使用"自动混合图层"的操作方式如下:

(1) 打开任意两幅图像文件,如图 7-128 和图 7-129 所示,然后使用移动工具▶✛将其中一个图像文件直接拖动到另一个图像文件中。

图 7-128　素材 1

图 7-129　素材 2

(2) 选择文件中的两个图层,如图 7-130 所示。然后选择"编辑"→"自动混合图层"命令,打开"自动混合图层"对话框,如图 7-131 所示。

(3) 选择"堆叠图像"单选按钮,然后单击"确定"按钮,即可得到自动混合的图像效果,如图 7-132 所示。

技巧提示:

使用自动混合图层还可以自动拼合全景图。通过几张图像的自动蒙版重叠效果,可以隐藏部分图像,得到全景图像。

图 7-130　选择图层

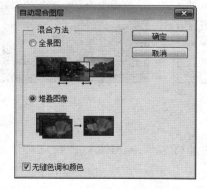
图 7-131　"自动混合图层"对话框

图 7-132　混合图层效果

7.4 课后练习

本章主要讲解了图层的使用等相关知识。下面通过相关的实例练习,加深巩固所学的知识。

课后练习 1——制作火球

素材	\素材\第 7 章\灰色背景.jpg
效果	\效果\第 7 章\制作火球.psd

结合本章所学知识,在图像中添加素材图像,然后创建新图层,通过"图层样式"命令得到描边图像,如图 7-133 所示。

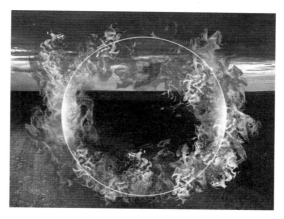

图 7-133 火球图像

本实例的步骤分解如图 7-134 所示。

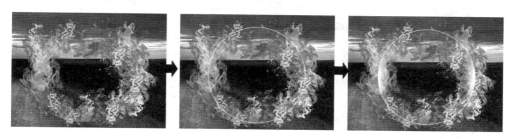

图 7-134 实例操作思路

操作提示:

(1)打开素材图像"灰色背景.jpg"和"火焰.psd",使用移动工具分别将两个火焰图像拖曳到灰色背景中。

(2)新建一个图层,绘制一个正圆形图像,选择"图层"→"图层样式"→"描边"命令,打开"图层样式"对话框,设置描边大小为 3,颜色为白色,得到描边效果。

(3) 设置该图层的填充为 0,得到圆环图像。

(4) 新建一个图层,设置前景色为白色,选择画笔工具,在圆环图像左右两侧绘制柔光图像,得到立体圆球效果。

课后练习 2——快乐圣诞节

素材	\素材\第 7 章\圣诞文字.jpg、圣诞背景.psd
效果	\效果\第 7 章\快乐圣诞节.psd

结合本章所学知识,通过添加素材图像得到新的图层,并为图层重命名,然后再在图像中排列各种素材图像和文字,得到圣诞节画面,如图 7-135 所示。

图 7-135　火球图像

本实例的步骤分解如图 7-136 所示。

图 7-136　实例操作思路

操作提示:

(1) 打开素材图像"圣诞背景.jpg",新建一个图层,使用画笔工具在图像中绘制紫红色图像。

(2) 打开素材图像"圣诞文字.psd",使用移动工具将其拖曳到背景图像中,并在"图层"面板中对该图层重命名。

(3) 使用画笔工具绘制出其他光点图像,完成操作。

第8章　滤镜的应用

■ **学习目标**

本章通过多个实例的制作,学习 Photoshop 中滤镜菜单中各种命令的使用方法。使用 Photoshop 中的滤镜可以得到许多不同的效果,还可以制作出各种效果的图像设计。在使用滤镜时,参数的设置是非常重要的,用户在学习的过程中可以大胆地尝试,从而了解各种滤镜的效果特点。

■ **重点内容**

• 滤镜的基本操作;
• 滤镜的分类与应用。

■ **案例效果**

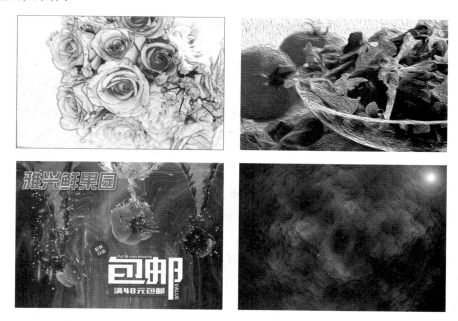

8.1　滤镜的基本操作

Photoshop 中的滤镜功能十分强大,可以创建出各种各样的图像特效。本节通过具体的案例,讲解使用滤镜的基本操作。

8.1.1 认识滤镜

Photoshop 的滤镜主要分为两部分:一部分是 Photoshop 程序内部自带的内置滤镜;另一部分是第三方厂商为 Photoshop 所生产的滤镜,外挂滤镜数量较多,而且有各种种类、功能不同,版本和种类都不断地升级和更新,用户可以使用不同的滤镜,轻松地达到创作的意图。

Photoshop 提供了多达十几类、上百种滤镜,使用每一种滤镜都可以制作出不同的图像效果,而将多个滤镜叠加使用,更是可以制作出奇妙的特殊效果。Photoshop 提供的滤镜都放置在"滤镜"菜单中,如图 8-1 所示,单击滤镜菜单即可看到部分滤镜组,而还有一部分滤镜则包含在滤镜库里。

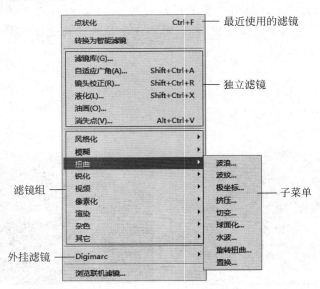

图 8-1 "滤镜"菜单

滤镜命令只能作用于当前正在编辑的、可见的图层或图层中的选定区域,如果没有选定区域,系统会将整个图层视为当前选定区域。另外,也可对整幅图像应用滤镜。

要对图像使用滤镜,必须了解图像色彩模式与滤镜的关系。RGB 颜色模式的图像可以使用 Photoshop 下的所有滤镜,而不能使用滤镜的图像色彩模式有位图模式、16 位灰度图、索引模式、48 位 RGB 模式。

有的色彩模式图像只能使用部分滤镜,如在 CMYK 模式下不能使用画笔描边、素描、纹理、艺术效果和视频类滤镜。

技巧提示:

滤镜对图像的处理是以像素为单位进行的,即使滤镜的参数设置完全相同,有时也会因为图像的分辨率不同而造成效果不同。

8.1.2　制作烟雾图像——重复使用滤镜

本实例通过重复使用滤镜来制作香烟的烟雾效果。重复使用滤镜可以让图像中的滤镜效果更加明显,按 Ctrl+F 键即可再次应用该滤镜。

本实例绘制的烟雾图像如图 8-2 所示。

素材	\素材\第 8 章\8.1\香烟.jpg
效果	\效果\第 8 章\8.1\烟雾图像.psd
视频	\视频\第 8 章\8.1\制作烟雾图像.mp4

图 8-2　烟雾效果

操作要点:

使用重复滤镜命令为香烟添加烟雾。首先绘制烟雾选区并填充颜色,然后使用"风"滤镜对图像进行处理,再按 Ctrl+F 键重复滤镜,最后对图像进行涂抹。

操作步骤:

(1) 打开素材图像"香烟.jpg",如图 8-3 所示,使用重复滤镜命令为香烟添加烟雾效果。

(2) 选择工具箱中的套索工具,在属性栏中设置"羽化"为 3 像素,在烟头处手动绘制一个不规则选区,如图 8-4 所示。

图 8-3　打开素材图像

图 8-4　绘制选区

(3) 按住 Shift 键,在烟头处通过加选选区,手动绘制出多个选区,如图 8-5 所示。

(4) 单击"图层"面板底部的"创建新图层"按钮,新建图层 1,然后设置前景色为白色,按 Alt+Delete 键填充选区,再按 Ctrl+D 键取消选区,如图 8-6 所示。

(5) 选择"滤镜"→"风格化"→"风"命令,打开"风"对话框,设置"方法"为"风","方向"为"从右",如图 8-7 所示。

(6) 单击"确定"按钮,得到风吹效果如图 8-8 所示。

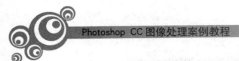

图 8-5　绘制选区

图 8-6　填充选区

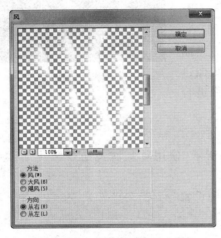

图 8-7　设置"风"滤镜参数

图 8-8　风吹效果

（7）按 Ctrl＋F 键重复操作，得到重复的风吹图像效果，如图 8-9 所示。

（8）选择涂抹工具，在属性栏中设置画笔大小为 100，强度为 50，对白色图像进行涂抹，如图 8-10 所示。

图 8-9　风吹效果

图 8-10　涂抹图像

（9）设置图层 1 的"不透明度"为 60％，得到较为透明的烟雾效果，如图 8-11 所示。

（10）选择橡皮擦工具，在属性栏中选择画笔样式为"柔边"，大小为 200 像素，然

后设置"不透明度"为 30％,"流量"为 50％,擦除部分烟雾图像,得到更加真实的烟雾效果,如图 8-12 所示,完成本实例的制作。

图 8-11 透明图像

图 8-12 擦除图像

8.1.3 添加艺术边框——使用滤镜库

本实例通过滤镜库来为图像添加艺术边框。滤镜库提出一个滤镜效果图层的概念,即可以为图像同时应用多个滤镜,每个滤镜被认为是一个滤镜效果图层。与普通图层一样,它们也可以进行复制、删除或隐藏等,从而将滤镜效果叠加起来,得到更加丰富的特殊图像。

本实例绘制的艺术边框效果如图 8-13 所示。

图 8-13 制作边框图像

素材	\素材\第 8 章\8.1\美景图.jpg
效果	\效果\第 8 章\8.1\艺术边框.psd
视频	\视频\第 8 章\8.1\添加艺术边框.mp4

操作要点:

在滤镜库中可以添加多个滤镜效果,对图像的调整也能更加方便。在添加滤镜时,需要注意调整滤镜的前后顺序。

操作步骤：

（1）打开素材图像"美景图.jpg"，如图 8-14 所示，在"滤镜库"对话框中添加滤镜，制作出艺术边框图像。

（2）选择矩形选框工具，在属性栏中设置"羽化"值为 10 像素，绘制出矩形选区，再按 Shift＋Ctrl＋I 键反选选区，效果如图 8-15 所示。

图 8-14　打开素材图像

图 8-15　绘制选区

（3）按 Ctrl＋J 键复制选区中的图像，得到图层 1，如图 8-16 所示。

（4）选择"滤镜"→"滤镜库"命令，打开"滤镜库"对话框，可以看到其中有多个滤镜组，选择"风格化"选项，单击"照亮边缘"，在右侧设置参数，如图 8-17 所示。

图 8-16　复制图像

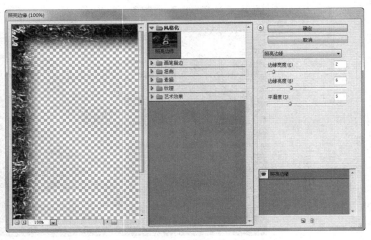

图 8-17　选择滤镜

（5）在对话框右下方可以显示当前选择的滤镜，单击"新建效果图层"按钮即可增加一个效果图层，如图 8-18 所示。

（6）选择"纹理"滤镜组中的"拼缀图"，在右侧设置参数分别为 6,9，如图 8-19 所示。

（7）选择"艺术效果"滤镜组中的"粗糙蜡笔"，设置"纹理"为"画布"，"光照"为"下"，再设置其他参数，如图 8-20 所示。

（8）单击"确定"按钮即可得到艺术边框效果，如图 8-21 所示，完成本实例的制作。

图 8-18 新建效果图层

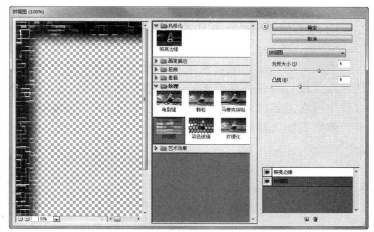

图 8-19 设置滤镜参数

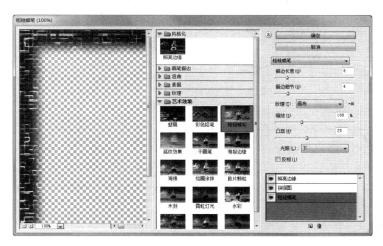

图 8-20 添加"粗糙蜡笔"滤镜

图 8-21 得到艺术边框

8.1.4 为人物瘦身——液化滤镜的使用

本实例通过液化滤镜来为人物瘦身,得到完美身材。使用"液化"滤镜可以对图像的任何部分进行各种各样的类似液化效果的变形处理,如收缩、膨胀、旋转等,并且在液化过程中可对其各种效果程度进行随意控制,是修饰图像和创建艺术效果的有效方法。

本实例为人物瘦身的前后对比效果如图 8-22 所示。

(a) 原图   (b) 调整后

图 8-22   为人物瘦身

素材	\素材\第 8 章\8.1\美女.jpg
效果	\效果\第 8 章\8.1\人物瘦身.psd
视频	\视频\第 8 章\8.1\为人物瘦身.mp4

操作要点:

主要使用液化滤镜对图像进行处理,在处理图像时可以使用向前变形工具、褶皱工具对图像进行修改。

操作步骤:

(1) 打开素材图像"美女模特.jpg",如图 8-23 所示,可以看到图像中的人物身材不太苗条,手臂、腰和大腿都比较粗,下面使用"液化"命令为人物瘦身。

(2) 选择"滤镜"→"液化"命令,打开"液化"对话框,选择"高级模式",显示所有选项,如图 8-24 所示。

技巧提示:

在预览窗口编辑图像时,使用右侧的缩放工具可以放大或缩小图像,使用抓手工具可实现图像的上、下、左、右平移。

(3) 选择向前变形工具 ,设置"画笔大小"为 100 像素,选择人物的右侧手臂图像向内拖拉,使手臂变细,如图 8-25 所示。

(4) 选择褶皱工具 ,设置"画笔大小"为 80 像素,在人物的右侧腰部图像从上到下拖动,使腰部也变细,如图 8-26 所示。

图 8-23　打开素材图像

图 8-24　"液化"对话框

图 8-25　使用向前变形工具

图 8-26　使用褶皱工具

（5）选择左推工具 ，设置"画笔大小"为 50 像素，"画笔密度"为 100 像素，"画笔压力"为 20 像素，在人物的左腿部图像向内拖动，如图 8-27 所示。

（6）使用向前变形工具，对人物右侧腿部图像向内拖动，使腿部图像也变细。单击"确定"按钮，得到人物瘦身效果如图 8-28 所示，完成本实例的制作。

图 8-27　使用左推工具

图 8-28　瘦身效果

8.1.5　制作油画图像——油画滤镜的使用

本实例通过油画滤镜来制作图像油画效果。Photoshop 中现在有了专门的"油画"滤镜，用户就不用像以前那样通过多个滤镜才能制作出油画效果。使用"油画"滤镜可以对参数进行设置，轻松制作出油画图像，让设计变得更加方便。

本实例制作的油画效果如图 8-29 所示。

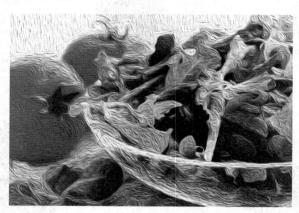

图 8-29　油画图像

素材	\素材\第 8 章\8.1\蔬菜.jpg
效果	\效果\第 8 章\8.1\油画图像.psd
视频	\视频\第 8 章\8.1\制作油画图像.mp4

操作要点：

使用油画滤镜来制作油画图像，将椭圆选区扩展后，边缘不如之前绘制的圆滑。可以使用平滑选区将边缘调整一下，但效果并不明显。

操作步骤：

（1）打开素材图像"蔬菜.jpg"，如图 8-30 所示，使用"油画"命令制作出油画图像效果。

（2）按 Ctrl＋J 键复制背景图层，得到图层 1，如图 8-31 所示。

图 8-30　打开素材图像

图 8-31　复制图层

（3）选择"滤镜"→"油画"命令，打开"油画"对话框，设置"画笔"和"光照"各项参数，如图 8-32 所示。

（4）单击"确定"按钮，图像的油画效果如图 8-33 所示。

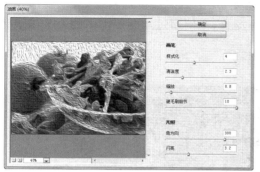

图 8-32 "油画"对话框

图 8-33 图像效果

（5）下面的操作是为了让油画效果更加真实。选择背景图层，按 Ctrl＋J 键复制一次该图层，得到背景副本图层，然后选择"图层"→"排列"→"置为顶层"命令，如图 8-34 所示，将复制的图层放到最顶层，如图 8-35 所示。

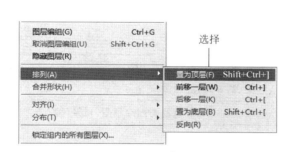

图 8-34 排列图层顺序

图 8-35 图层顺序

（6）设置背景副本图层的图层混合模式为"叠加"，"不透明度"为 60％，如图 8-36 所示。这时得到的图像效果如图 8-37 所示，完成本实例的制作。

图 8-36 设置图层属性

图 8-37 图像效果

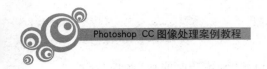

8.1.6 复制照片场景——消失点滤镜的使用

消失点滤镜可用于构建一种平面的空间模型,让平面变换更加精确,其主要应用于消除多余图像、空间平面变换、复杂几何贴图等场合,本例通过复制照片中的石头来讲述消失点滤镜的使用方法。

本实例复制照片的效果如图 8-38 所示。

(a) 原图　　　　　　　　　　　　　　　(b) 复制的石头

图 8-38　修改照片

素材	\素材\第 8 章\8.1\流水.jpg
效果	\效果\第 8 章\8.1\流水.psd
视频	\视频\第 8 章\8.1\复制照片场景.mp4

操作要点:

使用"消失点"命令复制画面中的石头图像。选择"滤镜"→"消失点"命令,打开"消失点"对话框,在其中选择创建平面工具可以创建透视平面,选择图章工具可以进行图像复制。

操作步骤:

(1) 打开素材图像"流水.jpg",如图 8-39 所示,使用"消失点"命令复制画面中的石头图像。

(2) 选择"滤镜"→"消失点"命令,打开"消失点"对话框,如图 8-40 所示。

参数详解:

"消失点"对话框中的各项含义如下:

- ⏚(创建平面工具):打开"消失点"对话框时,该工具为默认选择工具,在预览框中不同的位置单击 4 次可创建一个透视平面,在对话框顶部的"网格大小"下拉列表框中可设置显示的密度。

- ⏚(编辑平面工具):选择该工具可以调整绘制的透视平面,调整时拖动平面边缘的控制点即可。

图 8-39　打开素材图像

图 8-40　"消失点"对话框

- [□]（选框工具）：选择该工具在图像中单击并拖动可以选择固定的图像区域，按住 Alt 键拖动选区可以将选区复制到新的位置，按住 Ctrl 键拖动选区可以用源图像填充该区域。

- [✎]（画笔工具）：在画面中拖动画笔可以绘制图像。选择"修复"下拉列表中的"明亮度"选项可以将绘图调整为阴影或纹理。

- [▣]（图章工具）：该工具与工具箱中的仿制图章工具一样，在透视平面内按住 Alt 键并单击图像可以对图像取样，然后在透视平面的其他地方单击，可以将取样图像进行复制，复制后的图像与透视平面保持一样的透视关系。

（3）选择创建平面工具[▣]，并在预览窗中不同的部位单击 4 次，以创建具有 4 个顶点的透视平面，如图 8-41 所示。

（4）选择编辑平面工具[▶]，拖动平面边缘的控制点，以将其调整到与图像中的水流具有相同的透视关系，如图 8-42 所示。

图 8-41　创建透视平面

图 8-42　调整透视关系

（5）选择图章工具[▣]，然后按住 Alt 键的同时在透视平面内的石头上单击取样，如图 8-43 所示。

（6）移动鼠标到透视平面的左侧并单击，即可将取样处的石头复制到单击处，如图 8-44 所示。单击"确定"按钮，完成本实例的制作。

图 8-43　取样图像　　　　　　　　　　　　　图 8-44　复制图像

8.2　滤镜的分类与应用

滤镜分为多个滤镜组,如"风格化"滤镜组,其中就包含了"查找边缘"、"等高线",以及滤镜库中的"照亮边缘"等多个滤镜。下面详细介绍滤镜的分类与应用。

8.2.1　制作线条图像——风格化滤镜

本实例通过"风格化"滤镜组中的部分滤镜来制作一个线条图像。风格化滤镜组主要通过置换像素和查找增加图像的对比度,使图像产生印象派及其他风格化效果。该组滤镜提供了 8 种滤镜效果,只有照亮边缘滤镜位于滤镜库中,其他滤镜可以选择"滤镜"→"风格化"命令,然后在弹出的子菜单中选择。

"风格化"滤镜组中的各滤镜含义如下:

* "照亮边缘"滤镜:该滤镜是通过查找并标识颜色的边缘,为其增加类似霓虹灯的亮光效果。
* "查找边缘"滤镜:该滤镜可以找出图像主要色彩的变化区域,使之产生用铅笔勾划过的轮廓效果,该命令无对话框。
* "等高线"滤镜:该滤镜可以查找图像的亮区和暗区边界,并对边缘绘制出线条比较细、颜色比较浅的线条效果。
* "风"滤镜:该滤镜可以模拟自然风吹效果,为图像添加一些短而细的水平线。
* "浮雕效果"滤镜:可以描边图像,使图像显现出凸起或凹陷效果,并且能将图像的填充色转换为灰色。
* "扩散"滤镜:该滤镜可以产生透过磨砂玻璃观察图片一样的模糊效果,在对话框中设置选项。
* "拼贴"滤镜:该滤镜可以将图像分解为指定数目的方块,并且将这些方块从原来的位置移动一定的距离。
* "曝光过度"滤镜:该滤镜可以使图像产生正片和负片混合的效果,类似于摄影中增加光线强度产生的曝光过度效果。

- "凸出"滤镜：该滤镜将图像分成一系列大小相同但有机叠放的三维块或立方体，从而扭曲图像并创建特殊的三维背景效果。

本实例制作的线条图像效果如图 8-45 所示。

图 8-45　线条图像

素材	\素材\第 8 章\8.2\鲜花.jpg
效果	\效果\第 8 章\8.2\线条图像.psd
视频	\视频\第 8 章\8.2\制作线条图像.mp4

操作要点：

通过风格化滤镜组中的"查找边缘"和"扩散"滤镜来制作线条图像，应用"扩散"滤镜时，设置扩散的"模式"为"变暗优先"。

操作步骤：

（1）打开素材图像"鲜花.jpg"，如图 8-46 所示，使用"风格化"滤镜组中的命令来制作线条图像。

（2）按 Ctrl＋J 键复制背景图层，得到图层 1，如图 8-47 所示。

图 8-46　打开素材图像

图 8-47　复制背景图层

（3）选择"滤镜"→"风格化"→"查找边缘"命令，得到图像边缘效果，如图 8-48 所示。

（4）选择"滤镜"→"风格化"→"扩散"命令，打开"扩散"对话框，选择"模式"为"变暗优先"，如图 8-49 所示。

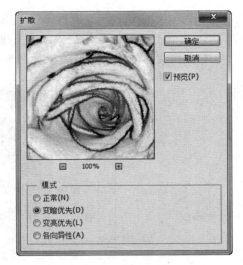

图 8-48 "查找边缘"滤镜效果   图 8-49 "扩散"滤镜

（5）单击"确定"按钮，得到添加滤镜后的图像效果如图 8-50 所示。

（6）选择背景图层，按 Ctrl＋J 键复制背景图层，并将得到的背景副本图层放到最顶层，如图 8-51 所示。

图 8-50 "扩散"滤镜效果   图 8-51 复制图层

（7）设置该图层的图层混合模式为"点光"，如图 8-52 所示。得到花瓣中的颜色，效果如图 8-53 所示，完成本实例的制作。

图 8-52 设置图层混合模式   图 8-53 完成效果

8.2.2 制作倒影图像——模糊滤镜

本实例通过"模糊"滤镜组中的部分滤镜来制作一个倒影图像。模糊滤镜组可以让图像相邻像素间过渡平滑,从而使图像变得更加柔和。模糊滤镜组都不在滤镜库中显示,大部分都有独立的对话框。选择"滤镜"→"模糊"命令,在弹出的子菜单中选择相应的模糊滤镜项。

"模糊"滤镜组中的各滤镜含义如下:

- "表面模糊"滤镜:该滤镜在模糊图像的同时还会保留原图像边缘。
- "动感模糊"滤镜:该滤镜通过对图像中某一方向上的像素进行线性位移来产生运动的模糊效果。
- "方框模糊"滤镜:该滤镜可在图像中使用邻近像素颜色的平均值来模糊图像。
- "模糊"和"进一步模糊"滤镜:使用"模糊"滤镜可以对图像边缘进行模糊处理;使用"进一步模糊"滤镜的模糊效果与"模糊"滤镜的效果相似,但要比"模糊"滤镜的效果强 3~4 倍。这两个滤镜都没有参数设置对话框,可直接对图像进行模糊处理。
- "镜头模糊"滤镜:该滤镜能使图像模拟摄像时镜头抖动所产生的模糊效果,可以控制模糊距离、范围、强度和杂点。
- "径向模糊"滤镜:该滤镜用于模拟前后移动相机或旋转相机产生的模糊,以制作柔和的模糊效果。
- "高斯模糊"滤镜:该滤镜是根据高斯曲线调节图像像素色值,使图像产生一种朦胧的效果。
- "特殊模糊"滤镜:该滤镜主要用于对图像进行精确模糊,是唯一不模糊图像轮廓的模糊方式,在其"模式"下拉列表中可以选择模糊样式。
- "形状模糊"滤镜:该滤镜可以使图像按照某一形状进行模糊处理,在对话框中可以选择模糊的形状。
- "平均"滤镜:该滤镜通过对图像中的平均颜色值进行柔化处理,从而产生模糊效果。该滤镜无参数设置对话框。

本实例制作的图像倒影效果如图 8-54 所示。

素材	\素材\第 8 章\8.2\城市建筑.jpg
效果	\效果\第 8 章\8.2\倒影图像.psd
视频	\视频\第 8 章\8.2\制作倒影图像.mp4

操作要点:

制作倒影图像时,首先通过复制并翻转图像创建原对象的倒影,然后使用"模糊"滤镜组中的动态模糊和高斯模糊对倒影图像进行处理。

图 8-54 倒影图像

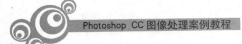

操作步骤：

（1）打开素材图像"城市建筑.jpg"，如图 8-55 所示，使用"模糊"滤镜组中的命令来制作倒影图像。

（2）选择"图像"→"画布大小"命令，打开"画布大小"对话框，调整"高度"为 42 厘米，定位方向向下，如图 8-56 所示。

图 8-55　素材图像

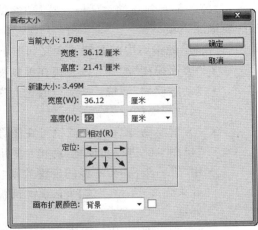

图 8-56　设置画布大小参数

（3）选择矩形选框工具框选建筑图像，按 Ctrl＋J 键得到复制的图层 1，如图 8-57 所示。

（4）选择"编辑"→"变换"→"垂直翻转"命令，得到翻转后的图像，使用移动工具将其移动到下方，效果如图 8-58 所示。

图 8-57　复制图像

图 8-58　翻转图像

（5）按 Ctrl＋J 键复制一次图层 1 备用，效果如图 8-59 所示。

（6）选择"滤镜"→"模糊"→"动感模糊"命令，打开"动感模糊"对话框，设置"角度"为 90 度，"距离"为 40 像素，如图 8-60 所示。

（7）单击"确定"按钮，得到动感模糊效果如图 8-61 所示，再按 Ctrl＋E 键将两个倒影图像所在图层合并。

（8）选择涂抹工具，在属性栏中设置画笔大小为250，在倒影图像中适当做涂抹，得到弯曲的倒影图像，如图8-62所示。

图 8-59　复制图像

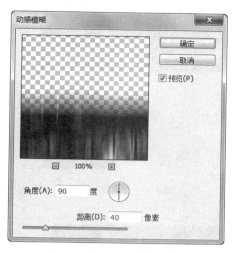

图 8-60　使用"动感模糊"滤镜

图 8-61　模糊效果

图 8-62　使用涂抹工具

技巧提示：

这里复制倒影图层并将其合并，主要是考虑到使用"动感模糊"滤镜后，边缘处会发生位移，与上面的图像衔接会产生空白图像，复制一个图层就可以避免这个问题。

（9）新建一个图层，然后按住 Ctrl 键单击图层 1，载入选区，将其填充为白色，如图8-63所示。

（10）选择"滤镜"→"杂色"→"添加杂色"命令，打开"添加杂色"对话框，设置"数量"为110，选择"平均分布"单选按钮和"单色"复选框，如图8-64所示。

（11）单击"确定"按钮，得到添加杂色效果如图8-65所示。

（12）选择"滤镜"→"模糊"→"动感模糊"命令，打开"动感模糊"对话框，设置"角度"为0度，"距离"为40像素，如图8-66所示。

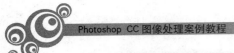

图 8-63　填充图像

图 8-64　添加杂色

图 8-65　杂色图像

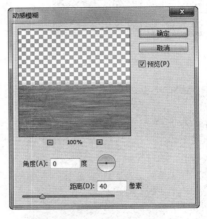

图 8-66　添加"动感模糊"滤镜

（13）单击"确定"按钮得到模糊效果。选择"滤镜"→"模糊"→"高斯模糊"命令，打开"高斯模糊"对话框，设置"角度"为 0 度，"距离"为 40 像素，如图 8-67 所示。

（14）单击"确定"按钮，得到高斯模糊图像效果如图 8-68 所示。

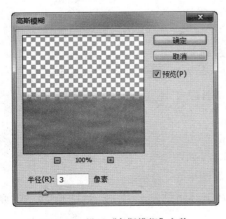

图 8-67　设置"高斯模糊"参数

图 8-68　模糊效果

（15）在"图层"面板中设置该图层的混合模式为"柔光"，"不透明度"为70％，效果如图8-69所示，得到投影图像效果，完成本实例的制作。

图 8-69　完成效果

8.2.3　制作水果广告——扭曲滤镜

本实例通过"扭曲"滤镜组中的部分滤镜来制作一个淘宝中的水果店包邮广告。扭曲类滤镜中的滤镜主要是将当前图层或选区内的图像进行各种各样的扭曲变形，以创建3D或其他整形效果。该组滤镜提供了12种滤镜效果，其中"扩散亮光"、"海洋波纹"和"玻璃"滤镜位于滤镜库中，其他滤镜可以选择"滤镜"→"扭曲"命令，然后在弹出的子菜单中选择使用。

"扭曲"滤镜组中的各滤镜含义如下：

- "扩散亮光"滤镜：该滤镜是将背景色的光晕加到图像中较亮的部分，让图像产生一种弥漫的光漫射效果。
- "海洋波纹"滤镜：该滤镜可以扭曲图像表面，使图像有一种在水面下方的效果。在滤镜库中选择海洋滤镜。
- "玻璃"滤镜：该滤镜可以制造出不同的纹理，让图像产生一种隔着玻璃观看的效果。在滤镜库中选择玻璃滤镜。
- "切变"滤镜：该滤镜可以沿一条曲线扭曲图像，通过拖到框中的线条来指定曲线，在该滤镜对话框左上侧方格框中的垂直线上单击可创建切变点。
- "波浪"滤镜：该滤镜对话框中提供了许多设置波长的选项，在选定的范围或图像上创建波浪起伏的图像效果。
- "波纹"滤镜：该滤镜可以使图像产生水波荡漾的涟漪效果。
- "水波"滤镜：该滤镜可以沿径向扭曲选定范围或图像，产生类似水面涟漪的效果。
- "挤压"滤镜：使用该滤镜可以选择全部图像或部分图像，使选择的图像产生一个向外或向内挤压的变形效果。

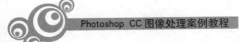

- "旋转扭曲"滤镜：该滤镜可以使图像沿中心产生顺时针或逆时针的旋转风轮效果，中心的旋转程度比边缘的旋转程度大。当值为正时，图像顺时针旋转扭曲；当值为负时，图像逆时针旋转扭曲。
- "极坐标"滤镜：该滤镜可以使图像产生一种极度变形的效果。从平面坐标转换到极坐标，好像是将图像完全包裹在地球仪上，从而使图像产生扭曲效果；从极坐标转换到平面坐标，是将一个完全包裹在地球仪上的图像展开。
- "球面化"滤镜：该滤镜可以通过立体化球形的镜头形态来扭曲图像，得到与挤压滤镜相似的图像效果。但它可以在垂直、水平方向上进行变形。
- "置换"滤镜：该滤镜是根据另一个 PSD 格式文件的明暗度将当前图像的像素进行移动，使图像产生扭曲的效果。这里就不详细介绍，用户可以自行打开两个图像文件进行置换操作。

本实例制作的鲜果园广告效果如图 8-70 所示。

图 8-70　水果广告

素材	\素材\第 8 章\8.2\水果.psd、线条背景.jpg、包邮.psd
效果	\效果\第 8 章\8.2\水果广告.psd
视频	\视频\第 8 章\8.2\制作水果广告.mp4

操作要点：

制作水果广告时，使用"扭曲"滤镜组中的波浪和极坐标滤镜。在应用波浪镜像时，设置波浪类型为"正弦"；在应用极坐标镜像时，选中"极坐标到平面坐标"单选按钮。

操作步骤：

（1）打开素材图像"线条背景.jpg"，如图 8-71 所示，使用"扭曲"滤镜组中的命令来制作水波效果。

（2）选择"滤镜"→"扭曲"→"波浪"命令，打开"波浪"对话框，设置"类型"为"正弦"，再设置各项参数，如图 8-72 所示。

技巧提示：

在"波浪"对话框中，生成器数的数值越大，产生的波纹越多，变形效果就越大。

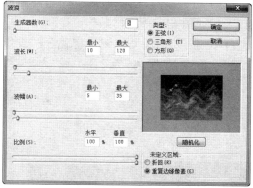

图 8-71 打开素材图像

图 8-72 设置"波浪"滤镜参数

（3）单击"确定"按钮，得到水波图像效果如图 8-73 所示。

（4）选择"滤镜"→"扭曲"→"极坐标"命令，打开"极坐标"对话框，选中"极坐标到平面坐标"单选按钮，如图 8-74 所示。

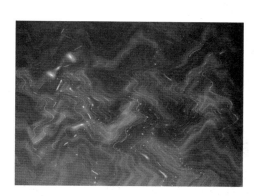

图 8-73 水波图像效果

图 8-74 设置"极坐标"滤镜

（5）单击"确定"按钮，得到极坐标图像效果如图 8-75 所示。

（6）打开素材图像"水果.psd"，使用移动工具将其直接拖动到当前编辑的图像中，参照图 8-76 所示的样式进行排列。

图 8-75 极坐标图像效果

图 8-76 添加水果图像

（7）打开素材图像"包邮.psd"，使用移动工具将其拖曳到当前编辑的图像中，放到画面下方，如图 8-77 所示。

（8）选择"图层"→"图层样式"→"投影"命令，打开"图层样式"对话框，设置投影颜色为黑色，再设置"距离"为 2，"扩展"为 10，"大小"为 7，如图 8-78 所示。

图 8-77　添加素材图像　　　　　　　　　　　　　　　图 8-78　添加投影

（9）单击"确定"按钮，得到投影效果如图 8-79 所示。

（10）选择横排文字工具，然后在红色图像中输入一行中文文字，并将其填充为白色，如图 8-80 所示。

图 8-79　投影效果　　　　　　　　　　　　　　　　　图 8-80　输入文字

（11）选择钢笔工具，在"包邮"图像的左上方绘制一个圆形箭头图形，将其转换为选区后填充为红色（R216，G6，B6），如图 8-81 所示。

（12）选择横排文字工具，在红色箭头图像中输入文字"赶快行动"，将其填充为白色，再适当旋转文字，效果如图 8-82 所示。

（13）选择横排文字工具 T，在图像左上方输入水果店名称，并填充为绿色（R15，G186，B148），如图 8-83 所示。

（14）选择"图层"→"图层样式"→"投影"命令，打开"图层样式"对话框，设置投影为

黑色，再设置其他参数，如图 8-84 所示。

图 8-81 绘制箭头图像

图 8-82 输入文字

图 8-83 输入文字

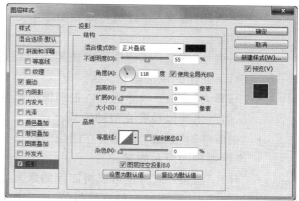

图 8-84 设置投影参数

（15）选择"图层样式"对话框中的"描边"选项，设置描边颜色为白色，再设置其他参数，如图 8-85 所示。

（16）单击"确定"按钮，得到文字描边效果如图 8-86 所示，完成本实例的制作。

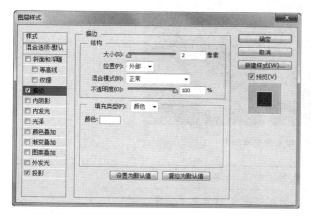

图 8-85 设置描边样式

图 8-86 完成效果

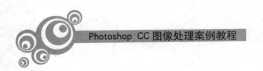

8.2.4　制作像素艺术图像——像素化滤镜

本实例通过"像素化"滤镜组中的部分滤镜来制作一个艺术图像。大部分像素化滤镜会将图像转换成平面色块组成的图案,并通过不同的设置达到截然不同的效果。只有"彩块化"和"碎片"没有对应的参数设置对话框。像素化类滤镜包括 7 种滤镜,选择"滤镜"→"像素化"命令,在弹出的子菜单中选择相应的滤镜命令即可。

"像素化"滤镜组中的各滤镜含义如下:

- "彩块化"滤镜:该滤镜使图像中纯色或相似颜色凝结为彩色块,从而产生类似宝石刻画般的效果。该滤镜无对话框。
- "彩色半调"滤镜:该滤镜将模拟在图像的每个通道上使用扩大的半调网屏效果。对于每个通道,该滤镜用小矩形将图像分割,并用圆形图像替换矩形图像。
- "点状化"滤镜:该滤镜可以在图像中随机产生彩色斑点,点与点间的空隙用背景色填充。
- "晶格化"滤镜:该滤镜可以使图像中相近的像素集中到一个像素的多角形网格中,从而使图像清晰化。
- "马赛克"滤镜:该滤镜可以把图像中具有相似彩色的像素统一合成更大的方块,从而产生类似马赛克般的效果。
- "铜版雕刻"滤镜:该滤镜在图像中随机分布各种不规则的线条和虫孔斑点,从而产生镂刻的版画效果。
- "碎片"滤镜:该滤镜可以将图像的像素复制 4 遍,然后将它们平均移位并降低不透明度,从而形成一种不聚焦的"四重视"效果。

本实例制作的像素艺术图像效果如图 8-87 所示。

图 8-87　像素化艺术图像

素材	\素材\第 8 章\8.2\绿叶.jpg
效果	\效果\第 8 章\8.2\像素艺术图像.psd
视频	\视频\第 8 章\8.2\制作像素艺术图像.mp4

操作要点:

制作像素艺术图像效果时,首先使用了"像素化"滤镜组中的晶格化滤镜对图像进行晶格化处理,然后使用"像素化"滤镜组中的马赛克滤镜,得到马赛克效果。

操作步骤:

(1)打开素材图像"绿叶.jpg",如图 8-88 所示,使用"像素化"滤镜组中的命令来制作像素艺术图像。

(2)按 Ctrl+J 键复制一次背景图层,得到图层 1,如图 8-89 所示。

图 8-88 打开素材图像

图 8-89 复制图层

(3)选择"滤镜"→"像素化"→"晶格化"命令,在打开的对话框中设置"单元格大小"为 80,如图 8-90 所示。

(4)单击"确定"按钮,得到像素化图像效果如图 8-91 所示。

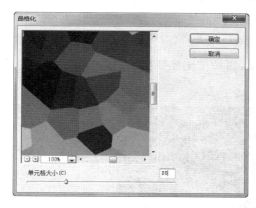

图 8-90 设置"晶格化"滤镜参数

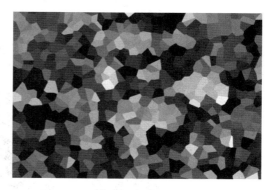

图 8-91 图像效果

(5)设置图层 1 的不透明度为 55%,得到透明效果如图 8-92 所示。

(6)选择背景图层,再按 Ctrl+J 键复制一次背景图层,得到"背景 副本",并将其放到图层顶部,如图 8-93 所示。

(7)选择椭圆选框工具,在属性栏中设置羽化值为 35,然后在图像中绘制一个椭圆形选区,按 Delete 键删除选区中的图像,如图 8-94 所示。

(8)选择"选择"→"反选"命令,得到反向选区。选择"滤镜"→"像素化"→"马赛克"命令,打开"马赛克"对话框,设置"单元格大小"为 32,如图 8-95 所示。

图 8-92　设置图层不透明度

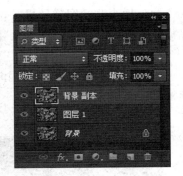

图 8-93　复制背景图层

图 8-94　删除图像

图 8-95　设置"马赛克"滤镜参数

（9）单击"确定"按钮，得到马赛克图像效果，再按 Ctrl＋D 键取消选区，完成本实例的制作，如图 8-96 所示。

图 8-96　图像效果

8.2.5　制作岩石效果——渲染滤镜

本实例通过"渲染"滤镜组中的部分滤镜来制作一个岩石图像。渲染类滤镜组主要用于在图像中创建云彩、折射和模拟光线等。该滤镜组提供了 5 种渲染滤镜，都位于"滤镜"菜单下的"渲染"子菜单下，分别为"分层云彩"、"光照效果"、"镜头光晕"、"纤维"和"云彩"滤镜。

"渲染"滤镜组中的各滤镜含义如下：

- "分层云彩"滤镜：该滤镜产生的效果与原图像的颜色有关，它不像云彩滤镜那样完全覆盖图像，而是在图像中添加一个分层云彩效果。
- "云彩"滤镜：该滤镜通过在前景色和背景色之间随机地抽取像素并完全覆盖图像，从而产生类似柔和云彩效果。该滤镜无参数设置对话框。
- "光照效果"滤镜：该滤镜可以对图像使用不同类型的光源进行照射，从而使图像产生类似三维照明的效果。该滤镜只能用于 RGB 颜色模式的图像，选择该命令后直接进入"属性"面板，在其中可以设置各选项参数。
- "纤维"滤镜：该滤镜可以生成纤维效果，颜色受前景色和背景色影响。
- "镜头光晕"滤镜：该滤镜通过为图像添加不同类型的镜头，从而模拟镜头产生的眩光效果。

本实例制作的岩石图像效果如图 8-97 所示。

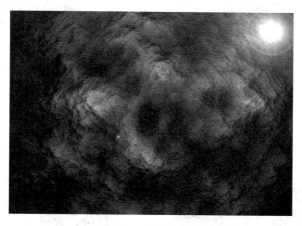

图 8-97　岩石图像效果

效果	\效果\第 8 章\8.2\岩石图像.psd
视频	\视频\第 8 章\8.2\制作岩石图像.mp4

操作要点：

制作岩石图像效果时，首先使用"渲染"滤镜组中的"云彩"滤镜创建黑白云彩，然后使用"渲染"滤镜组中的"光照效果"滤镜对图像添加光照效果，再使用滤镜组中的"镜头光晕"滤镜在图像右上方添加一个光晕效果。

操作步骤:

(1) 新建一个图像文件,设置前景色为黑色,背景色为白色,然后选择"滤镜"→"渲染"→"云彩"命令,得到黑白云彩效果,如图 8-98 所示。

(2) 选择"滤镜"→"渲染"→"光照效果"命令,进入"属性"面板,设置类型为"聚光灯","颜色"为土黄色(R188,G148,B80),再选择"纹理"为"绿","高度"为 20,如图 8-99 所示。

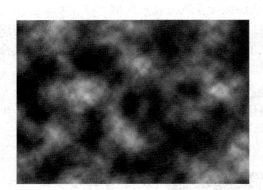

图 8-98 云彩效果

图 8-99 设置"光照效果"

(3) 单击属性栏右侧的"确定"按钮,得到光照图像效果如图 8-100 所示。

(4) 选择"滤镜"→"渲染"→"镜头光晕"命令,选择镜头类型后设置亮度参数为 130,如图 8-101 所示。

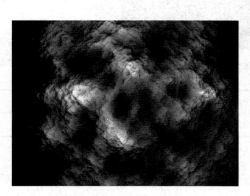

图 8-100 光照图像效果

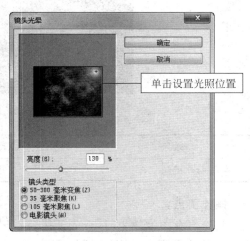

图 8-101 设置"镜头光晕"

技巧提示：

在"镜头光晕"对话框中可以随意指定镜头光晕产生的位置，只需用鼠标左键在"光晕中心"栏下预览框中适当的地方单击即可。

（5）单击属性栏右侧的"确定"按钮，得到镜头光晕图像效果如图 8-102 所示，完成本实例的制作。

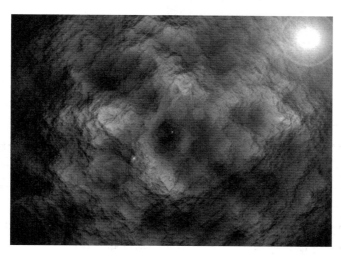

图 8-102 完成效果

8.2.6 制作素描图像——杂色滤镜

本实例通过"杂色"滤镜组中的部分滤镜来制作一个素描图像。使用杂色滤镜组可随机分布像素，可添加或去掉杂色。该类滤镜由中间值、减少杂色、去斑、添加杂色和蒙尘与划痕 5 个滤镜组成。要应用它们，只需选择"滤镜"→"杂色"命令，在弹出的子菜单中选择相应的滤镜项即可。

"杂色"滤镜组中的各滤镜含义如下：

- "减少杂色"滤镜：该滤镜具有比较智能化的减少杂色的功能，可以在保留图像边缘的同时减少整个图像或各个通道中的杂色。
- "蒙尘与划痕"滤镜：该滤镜是通过将图像中有缺陷的像素融入周围的像素中，从而达到除尘和涂抹的效果。
- "去斑"滤镜：该滤镜通过对图像进行轻微的模糊、柔化，从而达到掩饰图像中细小斑点，消除轻微折痕的效果。该滤镜无参数设置对话框。
- "添加杂色"滤镜：该滤镜是通过将图像中有缺陷的像素融入周围的像素中，从而达到除尘和涂抹的效果。
- "中间值"滤镜：该滤镜是通过混合图像中像素的亮度来减少图像的杂色。该滤镜在减少图像的动感效果时非常有用。

本实例制作的素描图像效果如图 8-103 所示。

图 8-103　素描图像

素材	\素材\第 8 章\8.2\苹果.jpg
效果	\效果\第 8 章\8.2\素描图像.psd
视频	\视频\第 8 章\8.2\制作素描图像.mp4

操作要点：

制作素描图像时，首先使用"杂色"滤镜组中的添加杂色滤镜对图像添加杂色效果，然后对图像进行动感模糊处理，最后调整图像的亮度和对比度。

操作步骤：

（1）打开素材图像"苹果.jpg"，选择"图像"→"调整"→"去色"命令，去除图像颜色，得到黑白图像效果如图 8-104 所示。

（2）按 Ctrl＋J 键复制背景图层，得到图层 1，如图 8-105 所示。

图 8-104　为图像去色　　　　　　　　　　　　图 8-105　复制图层

（3）选择"滤镜"→"杂色"→"添加杂色"命令，打开"添加杂色"对话框，设置"数量"为 30，选择"高斯分布"单选按钮和"单色"复选框，如图 8-106 所示。

（4）单击"确定"按钮，得到添加杂色图像效果如图 8-107 所示。

（5）选择"滤镜"→"模糊"→"动感模糊"命令，打开"动感模糊"对话框，设置"角度"为 55，"距离"为 12 像素，如图 8-108 所示。

（6）单击"确定"按钮，得到动感模糊效果如图 8-109 所示。

（7）设置该图层混合模式为"划分"，"不透明度"为 70％，得到的图像效果如图 8-110 所示。

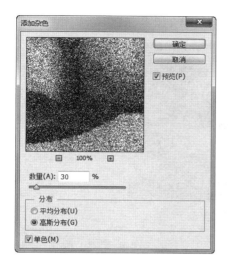

图 8-106 设置"添加杂色"参数

图 8-107 杂色效果

图 8-108 设置"动感模糊"参数

图 8-109 图像效果

（8）选择"图像"→"调整"→"亮度/对比度"命令，打开"亮度/对比度"对话框，设置参数分别为 21,13，如图 8-111 所示。

图 8-110 设置图层属性

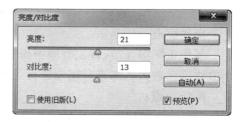

图 8-111 设置"亮度/对比度"参数

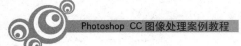

（9）单击"确定"按钮，得到调整后的图像效果，如图 8-112 所示。

图 8-112　素描效果

8.2.7　制作重影图像——其他滤镜

本实例通过"其他"滤镜组中的部分滤镜来制作一个重影图像。其他滤镜组主要用来修饰图像的某些细节部分，还可以让用户创建自己的特殊效果滤镜。该滤镜组提供了5 种滤镜，选择"滤镜"→"其他"命令，在弹出的子菜单中选择相应的滤镜项即可使用。

"其他"滤镜组中的各滤镜含义如下：

- "位移"滤镜：该滤镜将选区按设定的像素数量水平或垂直移动，原位置由设定的"未定义区域"选项决定。
- "最大值"滤镜：该滤镜可使用指定半径范围像素中最大的亮度值替换当前像素的亮度值，从而向外扩展白色区域并收缩黑色区域。
- "最小值"滤镜：该滤镜可使用指定半径范围像素中最小的亮度值替换当前像素的亮度值，从而向内收缩白色区域并扩大黑色区域。
- "高反差"滤镜：该滤镜可以在图像明显的颜色过渡处保留指定半径内的边缘细节，并忽略图像颜色反差较低区域的细节。
- "自定"滤镜：使用该滤镜，用户可指定一个计算关系来更改图像中每个像素的亮度值。

本实例制作的重影图像效果如图 8-113 所示。

素材	\素材\第 8 章\8.2\花朵.jpg
效果	\效果\第 8 章\8.2\重影图像.psd
视频	\视频\第 8 章\制作重影图像.mp4

操作要点：

制作重影图像时，首先对原图像进行两次复制，然后分别使用"其他"滤镜组中的最小值滤镜和最大值滤镜对图像进行处理，再修改各个图层的混合模式。

操作步骤：

（1）打开素材图像"花朵.jpg"，如图 8-114 所示，使用"其他"滤镜组中的命令来制作重影图像。

图 8-113　重影图像

（2）按 Ctrl＋J 键两次，复制两次背景图像，得到图层 1 和图层 1 副本，如图 8-115 所示。

图 8-114　打开素材图像

图 8-115　复制图层

（3）隐藏图层 1 副本，选择图层 1。选择"滤镜"→"其他"→"最小值"命令，打开"最小值"对话框，设置参数为 22，如图 8-116 所示。

（4）单击"确定"按钮回到画面中，得到最小值图像效果如图 8-117 所示。

图 8-116　设置"最小值"参数

图 8-117　图像效果

（5）在"图层"面板中设置图层 1 的不透明度为 60％，得到透明图像效果如图 8-118 所示。

（6）选择图层 1 副本，并将其显示。选择"滤镜"→"其他"→"最大值"命令，设置半径为 7，如图 8-119 所示。

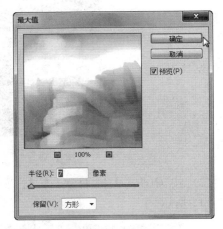

图 8-118　图像效果　　　　　　　　　　图 8-119　设置"最大值"参数

（7）单击"确定"按钮，得到最大值图像效果如图 8-120 所示。

（8）在"图层"面板中设置图层 1 副本的图层混合模式为"划分"，得到重影效果如图 8-121 所示，完成本实例的制作。

图 8-120　图像效果　　　　　　　　　　图 8-121　设置图层混合模式

8.2.8　制作水彩画——艺术效果滤镜

本实例通过"艺术效果"滤镜组中的部分滤镜来制作一个水彩画图像。艺术效果类滤镜主要为用户提供模仿传统绘画手法的途径，可以为图像添加天然或传统的艺术图像效果。该组滤镜提供了 15 种滤镜效果，全部位于滤镜库中。

"艺术效果"滤镜组中的各滤镜含义如下：

- "壁画"滤镜：该滤镜使用短而圆、粗略涂抹的小块颜料，以一种粗糙的风格绘制图像，使图像产生壁画的斑点效果。
- "彩色铅笔"滤镜：该滤镜好像使用彩色铅笔在春色背景上绘制图像，将图像中较

明显的边缘保留,并呈粗糙阴影线外观。

- "粗糙蜡笔"滤镜:该滤镜可以模拟蜡笔在纹理背景上绘图时的效果,从而生成一种纹理浮雕效果。
- "底纹效果"滤镜:该滤镜可以模拟在带纹理的底图上绘画的效果,从而让整个图像产生一层底纹效果。
- "调色刀"滤镜:该滤镜如同使用油画刀绘制的效果,使图像中的细节减少,产生好像墨水溢开的绘画效果。
- "干画笔"滤镜:该滤镜可以模拟使用干画笔绘制图像边缘的效果。该滤镜通过将图像的颜色范围减少为常用颜色区来简化图像。
- "海报边缘"滤镜:该滤镜根据设置的"海报化"选项减少图像中的颜色数量,并查找图像的边缘,在边缘上绘制黑色线条,大而宽的区域有简单的阴影,而细小的深色细节遍布图像。
- "海绵"滤镜:该滤镜使用颜色对比强烈、纹理较重的区域创建图像,以模拟海绵绘画的效果,使图像产生画面浸湿的感觉。
- "绘画涂抹"滤镜:该滤镜可模拟使用各种画笔涂抹的效果。
- "胶片颗粒"滤镜:该滤镜在图像表面产生胶片颗粒状纹理效果。
- "木刻"滤镜:该滤镜可以使图像产生类似木刻画般的效果。
- "水彩"滤镜:该滤镜可简化图像细节,并模拟使用水彩笔在图纸上绘画的效果。
- "霓虹灯光"滤镜:该滤镜可在图像中颜色对比反差较大的边缘处产生类似霓虹灯发光效果。
- "塑料包装"滤镜:该滤镜增强图像中的高光并强调图像中的线条,好像为图像涂上一层光亮的塑料,使图像产生被蒙上塑料薄膜的效果。
- "涂抹棒"滤镜:该滤镜使用短的对角线涂抹图像的较暗区域来柔和图像,可增大图像的对比度。

本实例制作的水彩画图像效果如图8-122所示。

图 8-122 水彩画效果

素材	\素材\第8章\8.2\风景图.jpg
效果	\效果\第8章\8.2\水彩画.psd
视频	\视频\第8章\8.2\制作水彩画.mp4

操作要点:

制作水彩画时,首先使用"艺术效果"滤镜组中的"绘画涂抹"滤镜对图像添加涂抹效果,然后使用"粗糙蜡笔"滤镜对图像添加蜡笔纹理,再对图像应用"水彩"滤镜。

操作步骤:

(1)打开素材图像"风景图.jpg",如图8-123所示,使用"艺术效果"滤镜组中的命令来制作水彩画图像。

(2)选择"滤镜"→"滤镜库"命令,打开"滤镜库"对话框,选择"艺术效果"中的"绘画

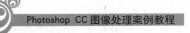

涂抹"命令,设置参数为 6,7,"画笔类型"为"简单",如图 8-124 所示。

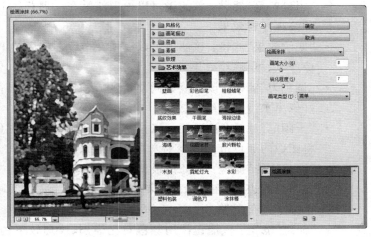

图 8-123　打开素材图像　　　　　　　　图 8-124　设置"绘画涂抹"滤镜参数

（3）单击对话框底部的"新建效果图层"按钮 ，再选择"粗糙蜡笔"命令,设置"纹理"为"画布","光照"为"下",再设置各项参数,如图 8-125 所示。

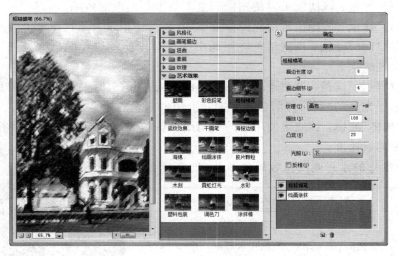

图 8-125　设置"绘画涂抹"滤镜参数

（4）单击对话框底部的"新建效果图层"按钮 ，选择"水彩"命令,设置参数分别为 10,0,1,如图 8-126 所示。

（5）单击"确定"按钮,得到水彩图像效果如图 8-127 所示。

8.2.9　制作强化突出图像——画笔描边滤镜

本实例通过"画笔描边"滤镜组中的部分滤镜来制作一个强化突出图像效果。画笔描边类滤镜用于模拟不同的画笔或油墨笔刷来勾画图像,产生绘画效果。该类滤镜提供了 8 种滤镜,全部位于滤镜库中。

图 8-126　设置"水彩"滤镜参数

图 8-127　图像效果

"画笔描边"滤镜组中的各滤镜含义如下：

- "成角的线条"滤镜：该滤镜可以使图像中的颜色产生倾斜划痕效果，图像中较亮的区域用一个方向的线条绘制，较暗的区域用相反方向的线条绘制。
- "墨水轮廓"滤镜：该滤镜以钢笔画的风格，用详细的线条在原图像细节上重绘图像，使图像产生钢笔勾画的效果。
- "喷溅"滤镜：该滤镜可以模拟喷枪绘画效果，使图像产生笔墨喷溅效果，好像用喷枪在画面上喷上了许多彩色小颗粒。
- "喷色描边"滤镜：该滤镜采用图像的主导色，用成角的、喷溅的颜色重新描绘图像，图像产生的效果与使用"喷溅"滤镜产生的效果类似。
- "强化的边缘"滤镜：该滤镜主要是强化图像的边线，使图像产生一种强调边缘的效果。
- "深色线条"滤镜：该滤镜是用粗短、绷紧的线条来绘制图像中接近深色的颜色区域，再用细长的白色线条绘制图像中较浅的区域。
- "烟灰墨"滤镜：该滤镜以日本画的风格绘画图像，看起来像是用蘸满油墨的画笔在宣纸上绘画。该滤镜可以创建墨色柔和的模糊边缘效果。
- "阴影线"滤镜：该滤镜可保留原图像的细节和特征，但会使用模拟铅笔阴影线添加纹理，并且色彩区域的边缘会变粗糙。

本实例制作的强化突出图像效果如图 8-128 所示。

素材	\素材\第 8 章\8.2\彩色背景.jpg
效果	\效果\第 8 章\8.2\强化突出图像.psd
视频	\视频\第 8 章\8.2\制作强化突出图像.mp4

操作要点：

制作强化突出图像时，首先使用"风格化"滤镜组中的"凸出"滤镜得到凸出图像效果，然后对图像使用"墨水轮廓"滤镜，得到强化突出图像效果。

图 8-128　强化突出图像效果

操作步骤：

（1）打开素材图像"彩色背景.jpg"，如图 8-129 所示，使用"画笔描边"滤镜组中的命令来制作强化突出图像。

（2）选择"滤镜"→"风格化"→"凸出"命令，打开"凸出"对话框，设置"类型"为块，"大小"和"深度"的参数都为 50，如图 8-130 所示。

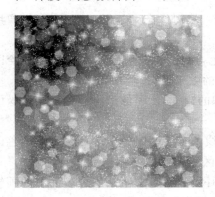

图 8-129　打开素材图像

图 8-130　设置"凸出"图像

（3）单击"确定"按钮，得到凸出图像效果如图 8-131 所示。

（4）选择"滤镜"→"滤镜库"命令，打开"滤镜库"对话框，选择"画笔描边"下的"强化的边缘"命令，设置参数为 2，38，5，如图 8-132 所示。

（5）单击对话框底部的"新建效果图层"按钮，选择"墨水轮廓"命令，设置参数分别为 4，20，10，如图 8-133 所示。

（6）单击"确定"按钮，得到强化突出图像效果如图 8-134 所示，完成本实例的制作。

图 8-131　凸出图像效果

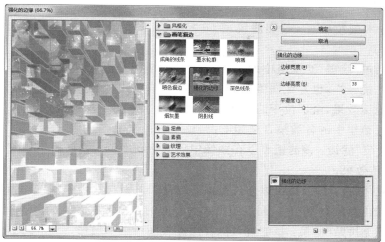

图 8-132　设置"画笔描边"滤镜参数

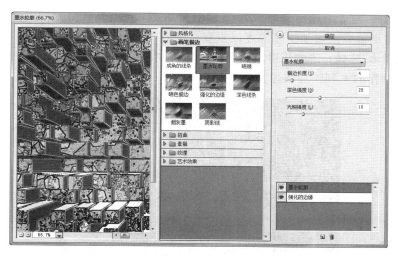

图 8-133　设置"墨水轮廓"滤镜参数

图 8-134　完成效果

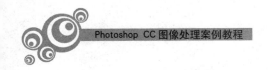

8.2.10 制作木刻纹理——纹理滤镜

本实例通过"纹理"滤镜组中的部分滤镜来制作一个木刻纹理图像效果。纹理类滤镜与素描类滤镜一样，也是在图像中添加纹理，以表现出纹理化的图像效果。该组滤镜提供了 6 种滤镜效果，全部位于滤镜库中。

"纹理"滤镜组中的各滤镜含义如下：

- "龟裂痕"滤镜：该滤镜可以在图像中随机绘制出一个高凸现的龟裂纹理，并且产生浮雕效果。
- "颗粒"滤镜：该滤镜可以通过模拟不同种类的颗粒纹理添加到图像中，在其对话框中的"颗粒类型"下拉列表中可选择不同的颗粒选项。
- "马赛克拼贴"滤镜：该滤镜可以在图像表面产生不规则、类似马赛克的效果。
- "染色玻璃"滤镜：该滤镜可以模拟透过花玻璃看图像的效果，并且使用前景色勾画单色的相邻单元格。
- "拼缀图"滤镜：该滤镜可以将图像拆分为方块，并选取图像中的颜色填充各方块，随机减少或增加拼贴深度以重复高光和暗调。
- "纹理化"滤镜：该滤镜可以为图像添加预设的纹理或者自己创建的纹理效果。

本实例制作的木刻纹理图像如图 8-135 所示。

图 8-135 木刻纹理效果

素材	\素材\第 8 章\8.2\竹林.jpg
效果	\效果\第 8 章\8.2\木刻纹理.psd
视频	\视频\第 8 章\8.2\制作木刻纹理.mp4

操作要点：

制作木刻纹理时，首先使用"纹理"滤镜组中的"纹理化"滤镜对图像进行处理，设置"纹理"类型为"画布"，然后调整图层顺序，再对图像应用"纹理"滤镜组中的"颗粒"滤镜。

操作步骤：

（1）打开素材图像"竹林.jpg"，如图 8-136 所示，使用"纹理"滤镜组中的命令来制作木刻纹理图像。

（2）按 Ctrl+J 键复制背景图层，得到图层 1，如图 8-137 所示。

图 8-136 打开素材图像

图 8-137 复制图层

（3）选择"滤镜"→"滤镜库"命令，打开"滤镜库"对话框，选择"纹理"滤镜组中的"纹理化"命令，设置"纹理"类型为"画布"，再设置各项参数，如图 8-138 所示。

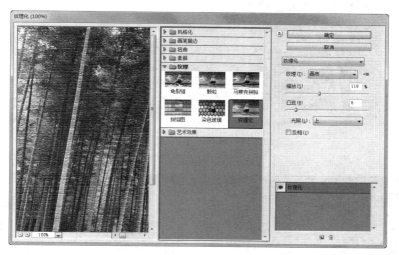

图 8-138 设置"纹理"滤镜参数

（4）单击"确定"按钮，得到纹理图像效果如图 8-139 所示。

（5）选择背景图层，按 Ctrl+J 键再次复制背景图层，然后选择"图层"→"排列"→"置为顶层"命令，调整图层顺序，如图 8-140 所示。

（6）选择"滤镜"→"滤镜库"命令，打开"滤镜库"对话框，选择"纹理"滤镜组中的"颗粒"命令，设置"颗粒类型"为"斑点"，再设置各项参数，如图 8-141 所示。

（7）单击"确定"按钮，得到颗粒图像效果如图 8-142 所示。

（8）设置该图层的"不透明度"为 50%，得到的颗粒与纹理滤镜混合效果如图 8-143 所示。

图 8-139　纹理图像效果

图 8-140　复制背景图层

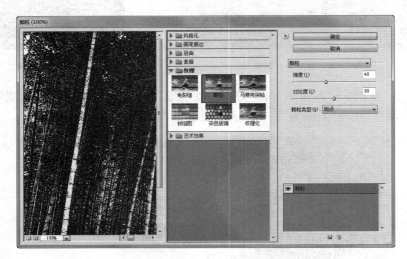

图 8-141　设置"颗粒"滤镜参数

图 8-142　得到颗粒图像

图 8-143　图像效果

（9）单击"图层"面板底部的"创建新的填充或调整图层"按钮 ，在弹出的下拉菜单中选择"色相/饱和度"命令，进入"属性"面板，选择"着色"复选框，然后设置各项参数如图 8-144 所示。

（10）这时得到黄色木刻纹理效果，完成本实例的操作，如图 8-145 所示。

图 8-144 调整图像颜色

图 8-145 完成效果

8.2.11 制作人物速写——素描滤镜

本实例通过"素描"滤镜组中的部分滤镜来制作一个人物速写图像效果。素描类滤镜中的大多数滤镜都是使用前景色和背景色将原图中的色彩置换，可以获得 3D 效果，也可以获得精美的手绘效果。素描类滤镜中的所有滤镜都可以通过"滤镜库"来应用。

"素描"滤镜组中的各滤镜含义如下：

- "半调图案"滤镜：使用该滤镜可以让图像在保持连续色调范围的同时，模拟出半调网屏的效果。该滤镜使用前景色显示阴影部分，使用背景色显示图像的高光部分。
- "便条纸"滤镜：该滤镜模拟凹陷压印图案，使图像产生草纸画效果。
- "粉笔和炭笔"滤镜：该滤镜可以模拟粗糙粉笔绘制的灰色背景，以重绘图像的高光和中间色调部分，暗调区的图像用黑色对角线炭笔线替换。在图像绘制时，炭笔采用前景色，粉笔采用背景色。
- "铬黄渐变"滤镜：该滤镜可以使图像好像被磨光的铬的表面，看起来像金属表面。在反射表面中，高光点为亮点，暗调为暗点。
- "绘图笔"滤镜：该滤镜使用精细的、具有一定方向的油墨线条重绘图像效果。该滤镜对油墨使用前景色，较亮的区域使用背景色。
- "基底凸现"滤镜：该滤镜可以模拟浅浮雕在光照下的效果，可以在对话框中设置其光照方向。
- "石膏效果"滤镜：该滤镜能制作出类似浮雕的石膏图像效果，图像色块较大，与"基底凸现"滤镜一样，也可以调整图像的光照方向。
- "水彩画纸"滤镜：该滤镜可以使图像好像是绘制在潮湿的纤维纸上，颜色溢出、

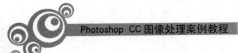

混合,产生渗透效果。

- "撕边"滤镜:该滤镜模拟撕破的纸片效果,适用于高对比度图像。
- "炭精笔"滤镜:该滤镜可以模拟使用炭精笔绘制图像的效果,在暗区使用前景色绘制,在亮区使用背景色绘制。
- "炭笔"滤镜:该滤镜在图像中创建海报化、涂抹的效果。图像中主要的边缘用粗线绘制,中间色调用对角线素描。其中碳笔使用前景色,纸张使用背景色。
- "图章"滤镜:该滤镜可以使图像简化、突出主体,看起来好像用橡皮和木制图章盖上去一样。该滤镜最好用于黑白图像。
- "网状"滤镜:该滤镜可以模拟胶片感光乳剂的受控收缩和扭曲的效果,使图像的暗色调区域好像被结块,高光区域好像被颗粒化。
- "影印"滤镜:该滤镜用于模拟图像影印的效果,图像色彩是用前景色和背景色填充。

本实例制作的人物速写图像效果如图 8-146 所示。

素材	\素材\第 8 章\8.2\美女模特.jpg
效果	\效果\第 8 章\8.2\人物速写.psd
视频	\视频\第 8 章\8.2\制作人物速写.mp4

操作要点:

制作速写图像时,首先对原图像进行复制,然后使用"素描"滤镜组中的"绘图笔"滤镜对图像添加绘图笔效果,再对图像添加"半调图案"滤镜。

图 8-146　速写图像效果

操作步骤:

(1) 打开素材图像"美女模特.jpg",如图 8-147 所示,使用"素描"滤镜组中的命令来制作人物速写图像。

(2) 按 Ctrl+J 键复制背景图层为图层 1,如图 8-148 所示。

图 8-147　打开素材图像

图 8-148　复制图层

（3）选择"滤镜"→"滤镜库"命令，打开"滤镜库"对话框，选择"素描"滤镜组中的"绘图笔"命令，设置"描边方向"为"左对角线"，再设置其他参数，如图 8-149 所示。

（4）单击"确定"按钮，得到绘图笔图像效果如图 8-150 所示。

图 8-149 设置绘图笔滤镜参数　　　　　　　　　图 8-150 图像效果

（5）复制一次背景图层，将复制得到的图层放到最顶层。再次打开"滤镜库"对话框，选择"素描"滤镜组中的"半调图案"命令，设置"图案类型"为"网点"，再设置其他参数，如图 8-151 所示。

（6）单击"确定"按钮，得到半调图案效果如图 8-152 所示。

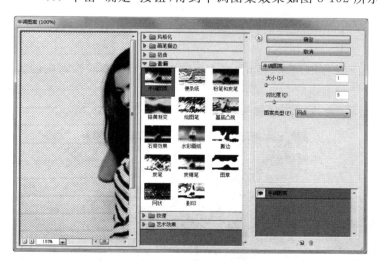

图 8-151 设置"半调图案"滤镜参数　　　　　　　　图 8-152 图像效果

（7）设置该图层的"不透明度"为 40%，如图 8-153 所示，得到人物速写图像如图 8-154 所示，完成本实例的制作。

图 8-153 设置图层不透明度

图 8-154 图像效果

8.3 拓展知识

前面介绍了常用滤镜的应用,本节继续介绍镜头校正滤镜、锐化滤镜和智能滤镜的应用。

8.3.1 镜头校正滤镜

使用镜头校正滤镜可以修复常见的镜头瑕疵,如桶形和枕形失真、晕影和色差。该滤镜在 RGB 或灰度模式下只能用于 8 位/通道和 16 位/通道的图像。

操作步骤:

镜头校正滤镜的具体操作如下:

(1)打开一副素材图像,如图 8-155 所示,使用"镜头校正"命令为图像制作膨胀的特殊图像效果。

(2)选择"滤镜"→"镜头矫正"命令,打开"镜头矫正"对话框,如图 8-156 所示。

图 8-155 打开素材图像

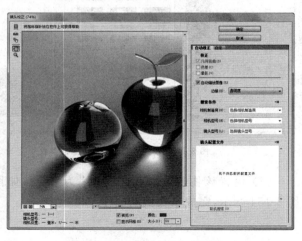

图 8-156 "镜头校正"对话框

（3）选择"自动校正"选项卡，用户可以设置矫正选项，在"边缘"下拉列表中可以选择相应的命令，如图 8-157 所示。

（4）在"搜索条件"选项区域中可以设置相机的品牌、型号和镜头型号，如图 8-158 所示。

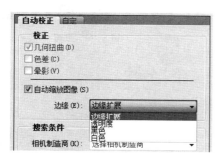

图 8-157　设置选项

图 8-158　选择相机型号

（5）选择"自定"选项卡，可以精确地设置各项参数来得到校正图像，或制作特殊图像效果。例如，设置"移去扭曲"为－26，"修复蓝/黄边"为－74.6，"数量"为 71，"中点"为 65，"垂直透视"为－35，"水平透视"为－76，"比例"为 100，如图 8-159 所示。

（6）单击"确定"按钮，得到特殊图像效果如图 8-160 示。

图 8-159　设置各选项参数

图 8-160　图像效果

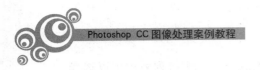

8.3.2 锐化滤镜

锐化滤镜组是通过增加相邻图像像素的对比度,让模糊的图像变得清晰,画面更加鲜明、细腻。

1. USM 锐化

使用 USM 锐化滤镜可在图像中相邻像素之间增大对比度,使图像边缘清晰。打开素材图像,如图 8-161 所示,选择"USM 锐化"命令,打开"USM 锐化"对话框,如图 8-162 所示,设置参数后得到的滤镜效果如图 8-163 所示。

图 8-161　原图

图 8-162　设置参数

图 8-163　图像效果

2. 智能锐化

智能锐化滤镜比 USM 锐化滤镜更加智能化。可以设置锐化算法或控制在阴影和高光区域中进行的锐化量,以获得更好的边缘检测并减少锐化晕圈。

选择"滤镜"→"锐化"→"智能锐化"命令,打开"智能锐化"对话框,如图 8-164 所示,

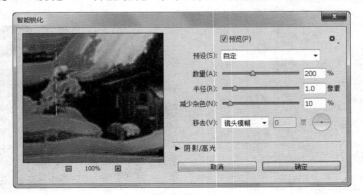

图 8-164　智能锐化滤镜

设置参数后可以在其左侧的预览框中查看图像效果。单击"阴影/高光"选项栏左方的三角形按钮 ▶ ，可以在展开的选项栏中设置锐化的阴影和高光参数，如图 8-165 所示。

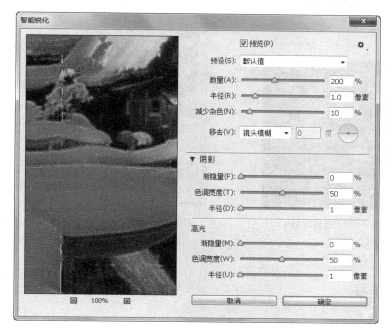

图 8-165　阴影和高光参数

3. 锐化边缘、锐化和进一步锐化

锐化边缘滤镜通过查找图像中颜色发生显著变化的区域进行锐化；锐化滤镜可增加图像像素间的对比度，使图像更清晰；进一步锐化滤镜和锐化滤镜功效相似，只是锐化效果更加强烈。这三种滤镜都没有对话框。

技巧提示：

使用 3ds max 等三维软件渲染后的图像具有模糊感，需要使用锐化滤镜对图像锐化，因此，锐化滤镜在效果图处理方面的使用较为频繁。

8.3.3　使用智能滤镜

在 Photoshop CC 中，滤镜菜单中有一个智能滤镜，应用于智能对象的任何滤镜都是智能滤镜，使用智能滤镜可以将已经设置好的滤镜效果重新编辑。

首先需要选择"滤镜"→"转换为智能滤镜"命令，将图层中的图像转换为智能对象，如图 8-166 所示，然后对该图层应用滤镜，此时"图层"面板如图 8-167 所示。单击"图层"面板中添加的滤镜效果，可以开启对应的滤镜对话框，对其重新编辑，如图 8-168 所示。

图 8-166　转换为智能滤镜

图 8-167　应用滤镜

图 8-168　编辑滤镜

8.4　课后练习

本章主要讲解了滤镜的应用等相关知识。下面通过相关的实例练习,加深巩固所学的知识。

课后练习1——制作朦胧图像

素材	\素材\第 8 章\8.4\风景.jpg
效果	\效果\第 8 章\8.4\朦胧图像.psd

结合本章所学知识,为图像应用滤镜,并在滤镜库中添加多个滤镜,得到重叠滤镜效果,如图 8-169 所示。

图 8-169　朦胧图像

本实例的步骤分解如图 8-170 所示。

图 8-170 实例操作思路

操作提示：

（1）打开"风景.jpg"素材图像，选择"滤镜"→"滤镜库"命令，打开"滤镜库"对话框，单击"扭曲"滤镜组下的"扩散光亮"滤镜。

（2）单击对话框右下角的"新建效果图层"按钮，新建一个滤镜图层。

（3）选择"画笔描边"下方的阴影线滤镜，得到叠加滤镜效果。

课后练习 2——制作黑白圆点图像

素 材	\素材\第 8 章\8.4\鹦鹉.jpg
效 果	\效果\第 8 章\8.4\黑白圆点图像.psd

结合本章所学知识，首先将图像转换为灰度模式，然后再对图像应用彩色半调滤镜，得到黑白圆点图像效果，如图 8-171 所示。

图 8-171 黑白圆点图像

本实例的步骤分解如图 8-172 所示。

操作提示：

（1）打开"鹦鹉.jpg"素材图像，选择"图像"→"模式"→"灰度"命令，将图像转换为灰度效果。

图 8-172　实例操作思路

（2）选择"滤镜"→"像素化"→"彩色半调"命令，打开"彩色半调"对话框，设置相应参数。

（3）单击"确定"按钮，得到黑白圆点图像。

第 9 章　图像的批处理与输出

■ **学习目标**

　　本章学习动作及其应用范围的相关知识，以及批处理图像和图像输出的操作方法。通过对"动作"面板的详细介绍与实例操作，可以让读者掌握其操作方法，并与批处理图像结合起来使用，充分运用快捷方式提高工作效率。

■ **重点内容**

- 认识"动作"面板；
- 录制和播放动作；
- 使用"批处理"命令；
- 将路径导入到 Illustrator 中；
- 将路径导入到 CorelDRAW 中；
- 图像的打印输出。

■ **案例效果**

9.1 动作与自动化图像处理

在 Photoshop 中,使用自动化功能可以按照规定的操作步骤自动化处理图像文件,还可以将一系列操作应用到文件夹所存的图像文件中。

9.1.1 认识"动作"面板

动作就是对单个文件或一批文件回放一系列命令。大多数命令和工具操作都可以记录在动作中。

在"动作"面板中可以快速地使用一些已经设定的动作,也可以设置一些自己的动作,存储起来以方便今后使用。通过"动作"功能的应用,可以对图像进行自动化的操作,从而大大提高工作效率。

选择"窗口"→"动作"命令,打开"动作"面板,如图 9-1 所示,可以看到"动作"面板中默认的动作设置。

参数详解:

"动作"面板中各工具按钮的作用如下:

图 9-1 "动作"面板

- **☑**(项目锁定开/关):该方框位于"动作"面板的第一列。若该框中没有√符号,则表示相应的动作或动作集不能重放;若该框内有一个红色的√符号,则表示相应的动作集中有部分动作不能重放;若该框内的√符号为黑色,则表示该动作集中的所有动作都可重放。在小方框内单击就可以取消或显示√符号。
- **▤**(对话锁定开/关):该方框位于"动作"面板的第二列。若该框是▤,则表示执行这个动作过程中系统不会暂停。
- **▶**(展开动作):单击该按钮可展开动作的所有步骤,此时该按钮变为方向朝下,再次单击,操作步骤折叠起来回到原状态。
- **🗀**(文件夹图标):文件夹是一组动作的集合,在文件夹的右边是文件夹的名称。双击文件夹,将会弹出一个"组选项"对话框,用户可以在该对话框中更改文件夹的名称。
- **■**(停止播放/记录):在录制状态下,单击该按钮将停止录制当前动作。
- **●**(开始录制):单击该按钮可开始录制动作。
- **▶**(播放选定的动作):单击该按钮可重放当前选定的动作。
- **■**(创建新组):单击该按钮会弹出一个简单的对话框用来输入新建文件夹的名称,单击"确定"按钮将新建一个用来存放动作的文件夹。
- **🗏**(创建新动作):单击该按钮新建一个动作。
- **🗑**(删除):单击该按钮从当前动作集中删除选定的动作。
- **▼≡**(快捷键菜单):单击该按钮将弹出动作的快捷菜单,从中可选择各种命令对动作进行编辑。

9.1.2 快速调整图像颜色——录制和播放动作

本实例通过"动作"面板来快速调整图像颜色。使用动作面板中的录制和播放动作功能可以将动作记录下来,在后面的图像中应用相同的方法,直接单击"播放选定的动作"按钮即可自动操作。本实例调整图像颜色前后对比效果如图 9-2 所示。

(a) 原图   (b) 调整后

图 9-2　调整图像颜色

素材	\素材\第 9 章\风景.jpg
效果	\效果\第 9 章\调整图像颜色.jpg
视频	\视频\第 9 章\快速调整图像颜色.mp4

操作要点:

在为图像创建动作的过程中,所有操作动作都将被记录下来,所以在操作时尽量减少一些不必要的步骤,以免在后期播放时过于繁杂。

操作步骤:

(1) 打开素材图像"风景.jpg",如图 9-3 所示。单击"动作"面板底部的"创建新动作"按钮 ,即可打开"新建动作"对话框,如图 9-4 所示。

图 9-3　素材图像

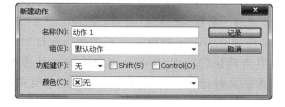

图 9-4　"新建动作"对话框

(2) 在其中设置动作的名称、动作组、功能键和颜色后,单击"记录"按钮即可新建一个动作,如图 9-5 所示。

(3)选择"图像"→"调整"→"色彩平衡"命令,打开"色彩平衡"对话框,在"色阶"文本框中输入-55,40,-28,如图 9-6 所示。

图 9-5 开始录制动作

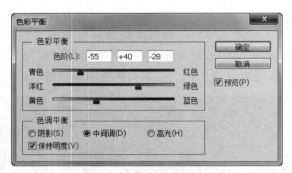

图 9-6 调整颜色

(4)单击"确定"按钮,得到的图像效果如图 9-7 所示。

(5)此时在"动作"面板中即可查看录制的此项操作。如果不需要录制其他的动作时,单击"停止播放/记录"按钮 ,如图 9-8 所示,即可完成操作过程的录制,在今后的操作中只要播放该动作就可以自动得到图像颜色的调整。

图 9-7 图像效果

图 9-8 停止播放/记录

9.1.3 使用"批处理"命令

在 Photoshop 中,"批处理"命令可以对包含多个文件和子文件夹的文件夹播放动作,从而实现操作的自动化。

1. 使用"批处理"命令

Photoshop 提供的批处理命令允许对一个文件夹的所有文件和子文件夹按批次输入并自动执行动作,从而大幅度地提高处理图像的效率。例如,要将某个文件夹内所有图像的文件颜色模式转换为另一种颜色模式就可以使用批处理命令,成批地实现各图像文件的颜色模式转换。

打开需要批处理的所有图像文件或将所有文件移动到相同的文件夹。选择"文件"→"自动"→"批处理"命令,打开"批处理"对话框,显示出各选项的定义,如图 9-9 所示。

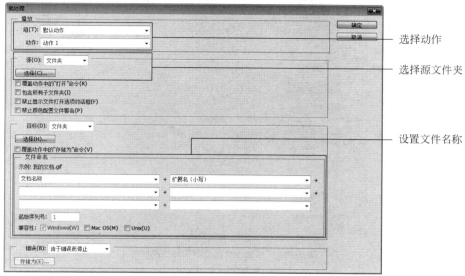

图 9-9 "批处理"对话框

参数详解：

"批处理"对话框中各选项的作用如下：

- 组：用于选择所要执行的动作所在的组。
- 动作：选择所要应用的动作。
- 源：用于选择需要批处理的图像文件来源。选择"文件夹"选项，单击"选择"按钮可查找并选择需要批处理的文件夹；选择"导入"选项，则可导入其他途径获取的图像，从而进行批处理操作；选择"打开的文件"选项，可对所有已经打开的图像文件应用动作；选择 Bridge 选项，则用于对文件浏览器中选取的文件应用动作。
- 目标：用于选择处理文件的目标。选择"无"选项，表示不对处理后的文件做任何操作；选择"存储并关闭"选项，可将进行批处理的文件存储并关闭以覆盖原来的文件；选择"文件夹"选项，并单击下面的"选择"按钮，可选择目标文件所保存的位置。
- 文件命名：在"文件命名"选项区域中的 6 个下拉列表框中可指定目标文件生成的命名形式。在该选项区域中还可指定文件名的兼容性，如 Windows、Mac OS 及 UNIX 操作系统。
- 错误：在该下拉列表框中可指定出现操作错误时软件的处理方式。

2. 创建快捷批处理方式

使用"创建快捷批处理"命令的操作方法与"批处理"命令相似，只是在创建快捷批处理方式后，在相应的位置会创建一个快捷方式图标，用户只需将需要处理的文件拖至该图标上即可自动对图像进行处理。

选择"文件"→"自动"→"创建快捷批处理"命令，打开"创建快捷批处理"对话框，如图 9-10 所示，在该对话框中设置好快捷批处理和目标文件的存储位置及需要应用的动作后，单击"确定"按钮。打开存储快捷批处理的文件夹，即可在其中看到一个的快捷图标，将需要应用该动作的文件拖到该图标上即可自动完成图片的处理。

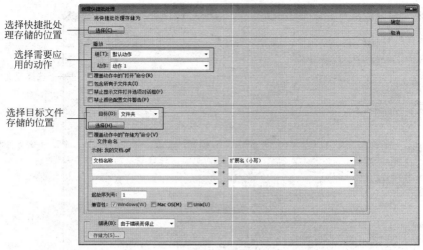

图 9-10 "创建快捷批处理"对话框

9.2 图像的输出

在 Photoshop 中,可以对一些有杂点、褶皱的图像进行处理,得到完整清晰的画面,还可以对图像进行复制或模糊操作。下面分别对这些功能做详细的介绍。

9.2.1 将路径导入到 Illustrator 中

与 Photoshop 一样出自 Adobe 公司的 Illustrator 是一款矢量图形绘制软件,它支持在 Photoshop 中存储的 PSD、EPS、TIFF 等文件格式,可以将 Photoshop 中的图像导入到 Illustrator 中进行编辑。

打开 Illustrator 软件,选择"文件"→"置入"命令,找到所需的.psd 格式文件即可将 Photoshop 图像文件置入到 Illustrator 中。

9.2.2 将路径导入到 CorelDRAW 中

CorelDRAW 是 Corel 公司推出的矢量图形绘制软件,适用于文字设计、图案设计、版式设计、标志设计及工艺美术设计等。Photoshop 可以打开从 CorelDRAW 中导出的 TIFF、JPG 格式的图像,而 CorelDRAW 也支持 Photoshop 的 PSD 分层文件格式。

在 Photoshop 中绘制好路径后,可以选择"文件"→"导出"→"路径到 Illustrator"命令,将路径文件存储为 AI 格式,然后切换到 CorelDRAW 中,选择"文件"→"导入"命令即可将存储好的路径文件导入到 CorelDRAW 中。

9.2.3 打印照片——图像的打印输出

本实例通过"打印"命令来打印图像颜色。平面作品制作完成后,可以将处理后的最终图像通过打印机输出到纸张上，以便于查看和修改，这是最常用的处理方法。

操作要点：

在打印图像时，需要在"Photoshop 打印设置"对话框中设置"版面"、"位置和大小"、"居中"等参数。

操作步骤：

（1）打开需要打印的素材图像，选择"文件"→"打印"命令，打开"Photoshop 打印设置"对话框，如图 9-11 所示。

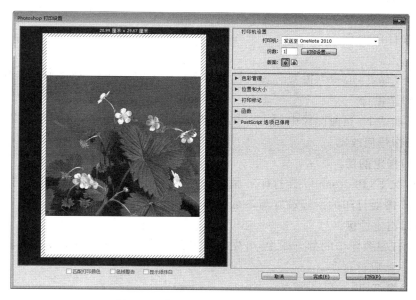

图 9-11　"Photoshop 打印设置"对话框

（2）在"份数"文本框中输入打印份数，设置"版面"为 ![纵向图标] （纵向打印纸张），然后单击"位置和大小"前面的三角形图标，展开该选项区域，选择"居中"复选框，将图像居中放置，如图 9-12 所示。

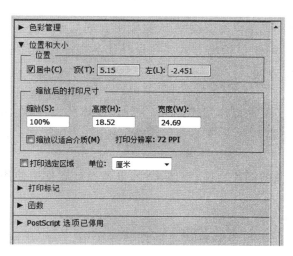

图 9-12　设置图像位置

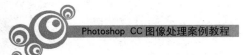

（3）单击"完成"按钮可以完成设置，单击"打印"按钮可以直接打印图像。

9.3　拓展知识

在图像的批处理与输出的应用中，除了前面介绍的内容外，还应该掌握打印内容的设置，以及印刷前的一些准备工作，以便于在今后的工作中更加得心应手。

9.3.1　设置打印内容

在打印作品前，应根据需要有选择性地指定打印内容，打印内容主要是指如下几点：

1．打印全图像

在系统默认下，当前图像中所有可见图层上的图像都属于打印范围，所以图像处理完成后不必作任何改动。

2．打印指定图层

默认情况下，Photoshop 会打印一幅图像中的所有可见图层，如果只需打印部分图层，那么将不需要打印的图层设置为不可见即可。

3．打印指定选区

如果要打印图像中的部分图像，可先使用工具箱中的矩形选框工具在图像中创建一个图像选区，然后再打印。

4．多图像打印

多图像打印是指一次将多幅图像同时打印到一张纸上，可在打印前将要打印的图像移动到一个图像窗口中，然后再打印。

9.3.2　印刷前准备工作

印刷是指通过印刷设备将图像快速、大量输出到纸张等介质上，它是广告设计、包装设计、海报设计等作品的主要输出方式。在设计作品提交印刷之前应进行一些准备工作，主要包括以下几个方面：

1．字体准备

如果作品中运用了某种特殊字体，应准备好该字体的文件，在制作分色胶片时提供给输出中心。当然，除非必要，一般不使用特殊字体。

2．文件准备

把所有与设计有关的图片文件、字体文件，以及设计软件中使用的素材文件准备齐全，一并提交给输出中心。

3．存储介质准备

把所有文件保存在输出中心可接受的存储介质中，一般为 MO 磁光盘，也可采用 CD-R 或 CD-W 光盘作为存储介质。

4．选择输出中心和印刷商

输出中心主要制作分色胶片，价格和质量参差不齐，应做一些基本调查。印刷商则根据分色胶片制作印版、印刷和装订。

9.4 课后练习

本章主要讲解了滤镜的应用等相关知识。下面通过相关的实例练习，加深巩固所学的知识。

课后练习 1——快速制作旧照片

素材	\素材\第 9 章\老人.jpg
效果	\效果\第 9 章\旧照片.psd

本实例在"动作"面板中快速制作出一幅旧照片。首先要选择好所需的序列组，然后播放动作，即可得到旧照片效果，如图 9-13 所示。

图 9-13　旧照片

本实例的步骤分解如图 9-14 所示。

图 9-14　实例操作思路

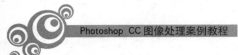

操作提示：

（1）打开"老人.jpg"图像文件，选择"窗口"→"动作"命令，打开"动作"面板。

（2）单击"动作"面板右侧的三角形按钮，在弹出的下拉菜单中选择"图像效果"序列，这时"动作"面板中将添加图像效果序列组。

（3）选择"仿旧照片"动作，单击面板底部的"播放选定的动作"按钮，图像中自动操作，从而得到旧照片效果。

课后练习2——打印汽车图像

素材	\素材\第9章\汽车.jpg

结合本章所学知识，使用"打印"命令对素材图像"汽车"进行打印，如图9-15所示。

图9-15　汽车图像

本实例的步骤分解如图9-16所示。

图9-16　实例操作思路

操作提示：

（1）打开"汽车.jpg"素材图像，选择"文件"→"打印"命令，打开"打印"对话框。

（2）在"位置和大小"选项区域中设置各项参数。

（3）单击"确定"按钮，即可开始打印图像。

第 10 章 综合案例

■ **学习目标**

前面完成了 Photoshop 的基础学习,本章通过 4 个典型案例介绍 Photoshop 在平面设计领域的应用,其中包括"报刊广告设计"、"路牌广告设计"、"宣传海报设计"和"促销 DM 单设计",让读者巩固 Photoshop 中各种工具命令的运用,也为将来的平面设计打下一定的基础。

■ **重点内容**

- 报刊广告设计;
- 路牌广告设计;
- 宣传海报设计;
- 促销 DM 单设计。

■ **案例效果**

10.1 报刊广告设计

本例制作一个手机报刊广告,在制作过程中应该注意文字的排列和图层样式的添加。打开"手机广告设计.psd"图像文件,查看本例的最终效果,如图 10-1 所示。

图 10-1 手机报刊广告

素材	\素材\第 10 章\10.1\灰色背景.jpg、手机.psd、多个手机.psd、屏幕.psd、冰块.psd、手表.psd
效果	\效果\第 10 章\10.1\手机广告设计.psd
视频教学	\视频\第 10 章\10.1\手机广告设计.mp4

操作要点:

绘制手机报刊广告,可以将其分为两个主要部分进行绘制,首先绘制手机的分层图效果,使手机产生立体时尚效果;然后再添加文字,得到特殊效果。

10.1.1 制作分层立体手机

(1)新建一个图像文件,打开素材图像"灰色背景.jpg",选择移动工具将其拖曳到当前编辑的图像中,适当调整图像大小,使其布满整个画面,如图 10-2 所示。

(2)新建一个图层,将其填充为黑色,然后设置该图层的混合模式为"叠加","不透明度"为 33%,效果如图 10-3 所示。

(3)打开素材图像"手机.psd",使用移动工具将其拖曳到当前编辑的图像中,放到画面左下方,如图 10-4 所示。

(4)打开素材图像"屏幕.psd",使用移动工具分别将两个屏幕图像拖曳到当前编辑的图像中,并调整最上方屏幕图像的图层不透明度为 50%,图像效果如图 10-5 所示。

图 10-2 添加素材图像

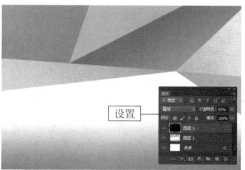

设置

图 10-3 设置图层属性

图 10-4 添加手机图像

图 10-5 设置图层不透明度

（5）新建一个图层，放到背景图层上方，设置前景色为黑色，使用画笔工具绘制出手机下方的投影图像，如图 10-6 所示。

（6）设置前景色为白色，使用画笔工具在手机屏幕中绘制一条细长直线，如图 10-7 所示。

图 10-6 添加手机图像

图 10-7 绘制细长直线

（7）选择"图层"→"图层样式"→"外发光"命令，打开"图层样式"对话框，设置"混合模式"为"滤色"，外发光颜色为蓝色（R0，G180，B255），再设置其他参数，如图 10-8 所示。

（8）单击"确定"按钮，得到线条的外发光效果如图 10-9 所示。

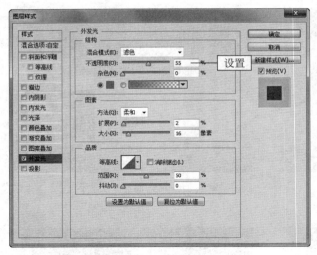

图 10-8　设置"外发光"样式　　　　　　　　　图 10-9　外发光效果

技巧提示：

这里为直线添加"外发光"样式，主要是为了让画面效果显得更加时尚。外发光的效果其实并不明显，但非常重要。

（9）使用与之前两步同样的方法绘制出其他几条直线，并添加外发光效果，如图 10-10 所示。

（10）打开素材图像"冰块.psd"，使用移动工具分别将冰块和水花图像拖曳到当前编辑的图像中，适当调整图像大小，放到手机图像右侧，效果如图 10-11 所示。

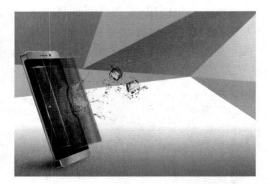

图 10-10　绘制其他线条　　　　　　　　　图 10-11　添加其他素材图像

10.1.2　添加文字效果

（1）选择横排文字工具在图像右上方输入一行文字，在属性栏中设置字体为黑体，填充为白色，如图 10-12 所示。

（2）选择"图层"→"图层样式"→"渐变叠加"命令，打开"图层样式"对话框，设置渐变颜色从白色到灰色再到白色，"样式"为"线性"，再设置其他参数，如图 10-13 所示。

图 10-12 绘制其他线条

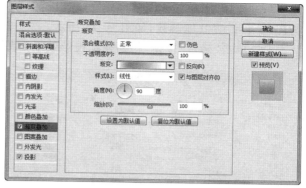

图 10-13 添加其他素材图像

（3）选择对话框左侧的"投影"样式，设置投影颜色为黑色，"不透明度"为 75%，再设置其他参数，如图 10-14 所示。

（4）单击"确定"按钮，得到添加图层样式后的效果如图 10-15 所示。

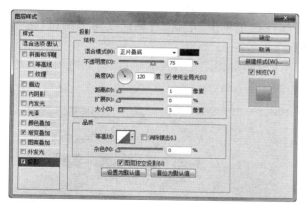

图 10-14 设置"投影"样式

图 10-15 文字效果

（5）按住 Alt 键拖动文字图层，得到复制的文字，将其放到画面左上方，适当缩小文字，再改变文字内容为手机名称，效果如图 10-16 所示。

（6）在图像右上方再次输入一行文字，并在属性栏中设置字体为黑体，填充为蓝色（R36，G127，B198），如图 10-17 所示。

图 10-16 复制并改变文字

图 10-17 输入文字

（7）选择"图层"→"图层样式"→"投影"命令，打开"图层样式"对话框，设置投影颜色为黑色，再设置其他参数，如图 10-18 所示。

（8）单击"确定"按钮，得到文字投影效果如图 10-19 所示。

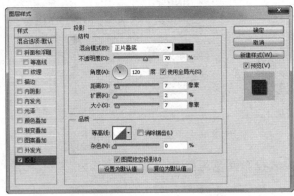

图 10-18　设置"投影"样式

图 10-19　文字投影效果

（9）新建一个图层，选择形状工具，在属性栏中单击"形状"右侧的三角形按钮，在弹出的下拉菜单中选择"花 2"图形，如图 10-20 所示。

（10）在图像中绘制出该图像，按 Ctrl＋Enter 键将路径转换为选区，为其应用橘黄色渐变填充，如图 10-21 所示。

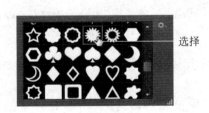

选择

图 10-20　选择图像

图 10-21　绘制花瓣图像

（11）选择"图层"→"图层样式"→"投影"命令，打开"图层样式"对话框，设置投影颜色为黑色，再设置其他参数，如图 10-22 所示。

（12）单击"确定"按钮，得到图像投影效果如图 10-23 所示。

（13）在花瓣图像前后分别输入文字，并适当调整文字大小，参照图 10-24 所示的样式进行排列。

（14）为"＋"添加投影和渐变叠加样式，再为"1"添加投影样式，效果如图 10-25 所示。

（15）在花瓣图像中输入文字"送"，然后适当倾斜文字，填充为红色（R172，G0，B0），参照图 10-26 所示的样式进行排列。

（16）打开素材图像"手表.psd"，使用移动工具将其拖曳到当前编辑的图像中，放到文字后面，如图 10-27 所示。

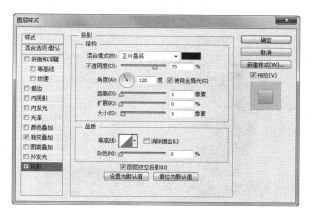

图 10-22 设置"投影"样式

图 10-23 图像投影效果

图 10-24 输入文字

图 10-25 添加图层样式效果

图 10-26 输入文字

图 10-27 添加手表图像

（17）选择横排文字工具，在图像下方输入手机介绍性文字，并在属性栏中设置字体为黑体，适当调整文字大小，如图 10-28 所示。

（18）打开素材图像"多个手机.psd"，选择移动工具将其拖曳到当前编辑的图像中，放到画面右下方，如图 10-29 所示。

（19）按 Ctrl＋J 键复制一次多个手机图像，选择"编辑"→"变换"→"垂直翻转"命令，将翻转手机移动到下方,如图 10-30 所示。

(20) 使用橡皮擦工具对翻转的手机底部进行擦除,得到倒影效果,如图 10-31 所示,完成本实例的制作。

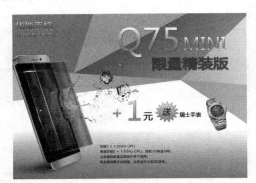

图 10-28　输入介绍文字

图 10-29　添加多个手机图像

图 10-30　复制并翻转图像

图 10-31　完成效果

10.2　路牌广告设计

本例制作一个酒产品路牌广告,本设计简洁、大方、主题醒目,将产品放到画面正中间,让人能够对主题产品有更加深刻的印象。打开"路牌广告.psd"图像文件,查看本例的最终效果,如图 10-32 所示。

素材	\素材\第 10 章\10.2\白云.psd、标志.psd、水滴.psd、印章.psd、圆形花纹.psd
效果	\效果\第 10 章\10.2\路牌广告.psd
视频教学	\视频\第 10 章\10.2\路牌广告设计.mp4

操作要点:

先使用渐变填充功能对背景色进行填充,然后绘制并羽化选区,再进行填充。在导入酒瓶素材后,可以使用变换操作制作酒瓶的倒影。在编辑处理图像时,可以通过设置图层混合模式更改图像效果。

图 10-32　酒产品路牌广告

10.2.1　制作背景图像

（1）新建一个图像文件，设置文件名称为"路牌广告"，然后设置宽度为 16 厘米、高度为 11 厘米、分辨率为 200，单击"确定"按钮，如图 10-33 所示。

（2）在工具箱中选择矩形选框工具，在新建图像中绘制一个矩形选区，如图 10-34 所示。

图 10-33　新建图像文件

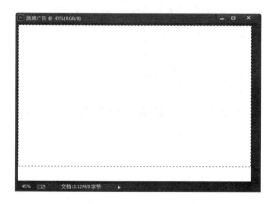

图 10-34　绘制矩形选区

（3）选择渐变工具，在属性栏中打开"渐变编辑器"对话框，设置渐变颜色从深蓝色（R0，G85，B115）到蓝色（R53，G178，B184）再到淡黄色（R248，G250，B233），如图 10-35 所示。

（4）在属性栏中设置渐变样式为"线性渐变"，在图像左上方按住鼠标左键向右下方拖动，线性渐变填充图像，效果如图 10-36 所示。

（5）选择"选择"→"变换选区"命令，按住 Shift＋Alt 键向中心拖动缩小选区，创建一个比渐变选区略小的选区，如图 10-37 所示。

（6）选择"选择"→"反向"命令，反选选区后将选区填充为白色，得到白色边缘，如图 10-38 所示。

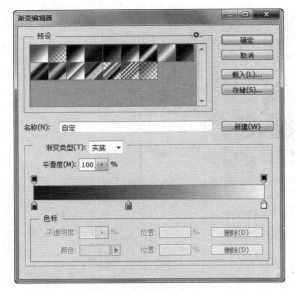

图 10-35　设置渐变色参数

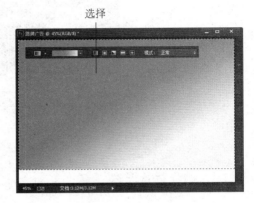

选择

图 10-36　渐变填充选区

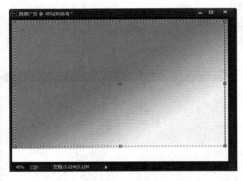

图 10-37　缩小选区

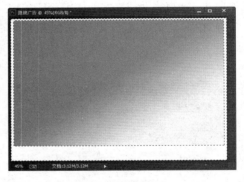

图 10-38　填充选区

（7）打开"白云.psd"素材图像，选择移动工具将其拖曳到当前编辑的图像中，并适当调整云朵图像大小，放在图 10-39 所示的位置。

（8）新建一个图层，选择椭圆选框工具在图像中绘制一个圆形选区，如图 10-40 所示。

图 10-39　添加素材图像

图 10-40　绘制选区

（9）在选区中右击，在弹出的快捷菜单中选择"羽化"命令，打开"羽化选区"对话框，设置半径参数为 80 像素，如图 10-41 所示。

（10）设置好羽化值后，单击"确定"按钮，填充选区为白色，然后设置该图层的不透明度为 80％，得到透明白色圆形，如图 10-42 所示。

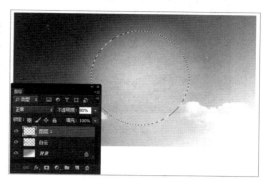

图 10-41 羽化选区　　　　　　　　　　　　　　　图 10-42 填充选区

技巧提示：

在设置图层不透明度参数时，可以直接按小键盘上的数字键进行设置。

（11）新建一个图层，选择"选择"→"变换选区"命令，然后向中心缩小选区。

（12）按 Shift＋F6 键打开"羽化选区"对话框，设置半径参数为 20 像素，然后将选区填充为白色，如图 10-43 所示。

（13）打开"圆形花纹.psd"素材图像，选择移动工具将图像拖曳到当前编辑的图像中，适当调整图像大小，放到图 10-44 所示的位置。

图 10-43 填充选区　　　　　　　　　　　　　　　图 10-44 添加素材图像

（14）在"图层"面板中设置圆形花纹的不透明度为 75％，如图 10-45 所示，得到透明的花纹图像效果如图 10-46 所示。

10.2.2 制作酒瓶图像

（1）打开"酒瓶.psd"素材图像，选择移动工具将图像拖曳到当前编辑的图像中，并适当调整图像大小，放到花纹图像中间，如图 10-47 所示。

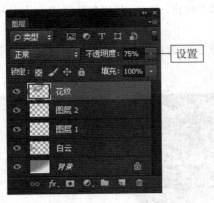

设置

图 10-45　设置图层不透明度

图 10-46　透明花纹图像

（2）新建一个图层（即"图层 3"），然后将该图层放到酒瓶图像所在图层的下方，如图 10-48 所示。

图 10-47　添加素材图像

图 10-48　新建图层

（3）选择椭圆选框工具，在属性栏中设置羽化值为 6 像素，在酒瓶底部绘制一个椭圆形选区，如图 10-49 所示。

（4）设置前景色为黑色，按 Alt + Delete 键填充选区，得到酒瓶的投影效果如图 10-50 所示。

绘制

图 10-49　绘制椭圆选区

图 10-50　制作投影

（5）打开"红色水珠.psd"素材图像，选择移动工具将图像拖曳到当前编辑的图像中，调整图像大小，放到酒瓶底部，如图 10-51 所示。

（6）设置"水珠"图层的混合模式为"正片叠底"，如图 10-52 所示。

图 10-51　添加水珠图像

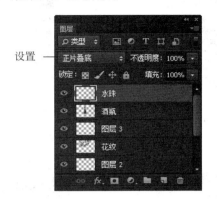

设置——

图 10-52　设置图层混合模式

（7）按 Ctrl＋J 键复制一次水珠图像所在图层，并设置该图层的混合模式为"柔光"，如图 10-53 所示，得到图 10-54 所示的效果。

图 10-53　复制并设置图层

图 10-54　复制水珠后的效果

（8）选择酒瓶图像所在图层，按 Ctrl＋J 键复制一次该图层。

（9）选择"编辑"→"变换"→"垂直翻转"命令，将翻转后的图像放到酒瓶图像下方，制作酒瓶倒影效果，如图 10-55 所示。

（10）选择橡皮擦工具，在属性栏中设置"不透明度"的参数为 70％，然后使用橡皮擦工具对翻转后的酒瓶图像进行涂抹，特别是擦除下方的图像，编辑后的倒影效果如图 10-56 所示。

（11）打开"标志.psd"素材图像，选择移动工具将其拖曳到白色图像中，并适当调整图像大小，放到图像右下方，如图 10-57 所示。

（12）选择横排文字工具，在图像下方白色图像左侧输入文字。设置文字颜色为红色，在属性栏中设置合适的字体，再调整大小，得到图 10-58 所示的效果。

（13）打开"印章.psd"素材图像，选择移动工具将其拖曳到白色图像中，放到文字右下方，如图 10-59 所示。

图 10-55　制作倒影图像

图 10-56　涂抹翻转后的酒瓶

图 10-57　添加标志图像

图 10-58　输入文字

（14）选择横排文字工具，在印章图像右侧输入一段说明性文字，并设置字体为楷体，颜色为黑色，如图 10-60 所示，完成本例的制作。

图 10-59　添加印章图像

图 10-60　输入文字

10.3　宣传海报设计

本例制作一个快餐店海报，运用多种绘图命令与图层样式效果相结合的方法来制作。打开"快餐店海报设计.psd"图像文件，查看本例的最终效果，如图 10-61 所示。

图 10-61　快餐店海报设计

素材	\素材\第 10 章\10.3\大腿.psd、火焰.psd、汉堡包.psd、蔬菜.psd、彩旗.psd、黄色条.psd 等
效果	\效果\第 10 章\10.3\快餐店海报设计.psd
视频教学	\视频\第 10 章\10.3\快餐店海报设计.mp4

操作要点：

将其分为 4 个主要部分进行绘制,绘制内容依次为绘制广告背景、添加食物图像、制作广告文字和添加标志图像,在绘制过程中需要注意图层样式的参数设置。

10.3.1　制作广告背景

（1）新建一个图像文件,设置前景色为橘红色（R238,G81,B1）,按 Alt＋Delete 键填充背景,如图 10-62 所示。

（2）选择加深工具,在属性栏中设置画笔大小为 700,在图像周围涂抹,加深周围图像颜色,如图 10-63 所示。

（3）选择矩形选框工具,在图像底部绘制一个矩形选区,填充为深红色（R40,G0,B1）,如图 10-64 所示。

（4）打开素材图像“大腿.psd”,使用移动工具将其拖曳到当前编辑的图像中,放到画面下方,如图 10-65 所示。

（5）选择画笔工具,设置前景色为深红色（R40,G0,B1）,在大腿顶部绘制脚跟图像,效果如图 10-66 所示。

（6）打开素材图像“火焰.psd”,使用移动工具将其拖曳到当前编辑的图像中,适当调整图像大小,放到画面中间,如图 10-67 所示。

图 10-62　填充背景

图 10-63　加深图像颜色

图 10-64　绘制矩形

图 10-65　添加素材图像

图 10-66　绘制脚跟图像

图 10-67　添加火焰图像

（7）单击"图层"面板底部的"添加图层蒙版"按钮，然后使用画笔工具对火焰图像底部做涂抹，隐藏底部图像，如图 10-68 所示。

（8）新建一个图层，设置前景色为淡黄色（R249，G208，B4），选择画笔工具在火焰图像底部绘制一团不规则图像，如图 10-69 所示。

图 10-68 添加图层蒙版

图 10-69 绘制黄色图像

（9）在"图层"面板中设置该图层的"不透明度"为 44％，如图 10-70 所示，得到的透明图像效果如图 10-71 所示。

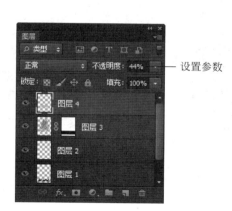

图 10-70 设置图层属性

图 10-71 透明图像效果

10.3.2 添加食物图像

（1）打开素材图像"汉堡包.psd"，使用移动工具将其拖曳到当前编辑的图像中，适当调整图像大小，放到画面下方，如图 10-72 所示。

（2）打开素材图像"蔬菜.psd"，使用移动工具分别将蔬菜和盘子图像拖曳到当前编辑的图像中，适当调整图像大小，放到画面左下方，如图 10-73 所示。

（3）设置前景色为深红色（R40，G0，B1），选择画笔工具在白色盘子周围进行涂抹，得到阴影图像效果，如图 10-74 所示。

（4）打开素材图像"彩旗.psd"，使用移动工具将其拖曳到当前编辑的图像中，放到图像上方，如图 10-75 所示。

图 10-72　添加汉堡图像

图 10-73　添加蔬菜图像

图 10-74　添加阴影图像

图 10-75　添加素材图像

（5）选择"图层"→"图层样式"→"投影"命令，打开"图层样式"对话框，设置投影颜色为黑色，再设置其他参数，如图 10-76 所示，制作的投影效果如图 10-77 所示。

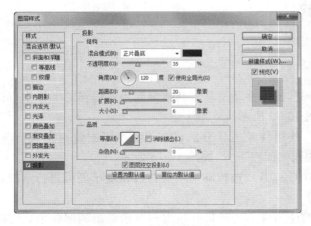

图 10-76　添加投影样式

图 10-77　投影效果

10.3.3 制作广告文字

（1）选择横排文字工具，在图像上方输入两行文字，并在引号内空出文字内容，然后在属性栏中设置字体为方正正黑简体，填充为黄色（R255，G228，B0），如图 10-78 所示。

（2）选择"文字"→"栅格化文字图层"命令，将文字图层转变为普通图层，按 Ctrl＋T 键，文字周围出现变换框，然后按住 Ctrl 键拖动右上方的节点，将文字做倾斜处理，如图 10-79 所示。

图 10-78　输入文字

图 10-79　倾斜文字

（3）选择"图层"→"图层样式"→"投影"命令，打开"图层样式"对话框，设置投影颜色为黑色，再设置各项参数，如图 10-80 所示。

（4）单击"确定"按钮，得到文字投影效果如图 10-81 所示。

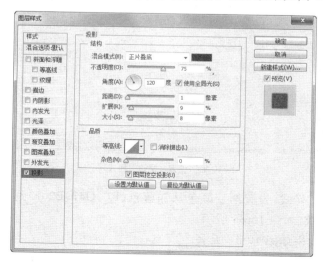

图 10-80　设置"投影"样式

图 10-81　文字投影

（5）打开素材图像"黄色条.psd"，使用移动工具将其拖曳到当前编辑的图像中，放到文字上方，如图 10-82 所示。

（6）选择"图层"→"创建剪贴蒙版"命令，将图像与文字叠加在一起，如图 10-83 所示。

图 10-82　添加素材图像

图 10-83　文字投影

（7）选择横排文字工具，在引号中间输入文字"鲜"，填充为白色，如图 10-84 所示。

（8）选择"图层"→"图层样式"→"描边"命令，打开"图层样式"对话框，设置描边"大小"为 5，颜色为白色，再设置其他参数，如图 10-85 所示。

图 10-84　输入文字

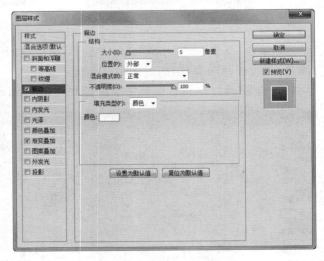

图 10-85　设置"描边"样式

（9）选择对话框右侧的"渐变叠加"样式，设置渐变颜色从深蓝色（R0，G67，B207）到蓝色（R0，G217，B245），再设置其他参数，如图 10-86 所示。

（10）单击"确定"按钮，得到文字效果如图 10-87 所示。

（11）新建一个图层，选择多边形套索工具，在文字下方绘制一个三角形选区，填充为黄色（R255，G228，B0），如图 10-88 所示。

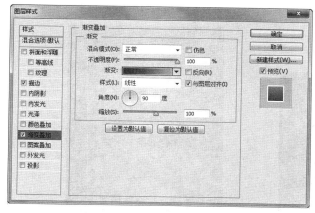

图 10-86　设置"渐变叠加"样式

图 10-87　文字效果

（12）选择"图层"→"图层样式"→"投影"命令，打开"图层样式"对话框，设置投影颜色为黑色，角度为 150 度，然后调整其他参数，如图 10-89 所示。

图 10-88　绘制三角形

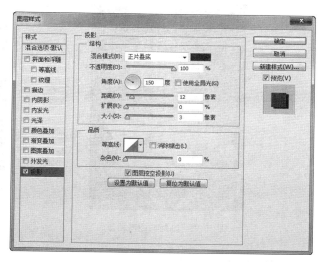

图 10-89　设置"投影"样式

（13）单击"确定"按钮，得到三角形图像的投影效果如图 10-90 所示。

（14）新建一个图层，选择多边形套索工具，在文字下方绘制两个四边形选区，分别对其应用线性渐变填充，设置颜色从橘红色（R182，G52，B36）到橘黄色（R237，G111，B27），如图 10-91 所示。

（15）在四边形图像下方再绘制一个四边形选区，填充为淡黄色（R254，G246，B225），如图 10-92 所示。

（16）选择横排文字工具，在四边形图像中输入一行文字，填充为白色，然后适当倾斜文字，如图 10-93 所示。

（17）按住 Ctrl 键单击文字图层，载入该选区，再使用多边形套索工具通过减选操作得到文字下部分图像选区，填充为淡黄色（R242，G216，B188），如图 10-94 所示。

（18）选择"图层"→"图层样式"→"内投影"命令，打开"图层样式"对话框，设置内投影为黑色,再设置其他参数,如图 10-95 所示。

图 10-90 绘制三角形

图 10-91 设置"投影"样式

图 10-92 绘制四边形图像

图 10-93 输入文字

图 10-94 绘制四边形图像

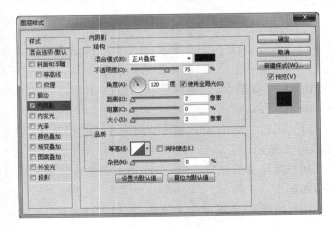

图 10-95 输入文字

（19）单击"确定"按钮，得到文字内投影效果如图10-96所示。

（20）选择横排文字工具，在淡黄色四边形中输入一行文字，并填充为深红色（R164，G32，B39），如图10-97所示。

图10-96 文字内投影效果

图10-97 输入文字

10.3.4 添加标志图像

（1）新建一个图层，选择椭圆选框工具在文字左上方绘制一个圆形选区，然后使用多边形套索工具通过加选操作绘制一个三角形，填充为白色，效果如图10-98所示。

（2）选择"图层"→"图层样式"→"外发光"命令，打开"图层样式"对话框，设置外发光颜色为淡黄色（R249，G247，B189），再设置其他参数，如图10-99所示。

图10-98 绘制圆形图像

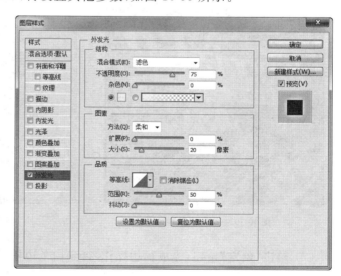

图10-99 添加"外发光"样式

（3）单击"确定"按钮，得到添加外发光后的图像效果如图10-100所示。

（4）打开素材图像"文字.psd"，使用移动工具将其拖曳到当前编辑的图像中，适当调整文字大小，放到白色圆形图像中，如图10-101所示。

图 10-100 图像外发光效果

图 10-101 添加文字图像

（5）新建一个图层，选择矩形选框工具在图像左上方绘制一个矩形选区，如图 10-102 所示。

（6）选择"编辑"→"描边"命令，打开"描边"对话框，设置"宽度"为 2 像素，颜色为白色，再设置其他参数，如图 10-103 所示。

图 10-102 绘制矩形选区

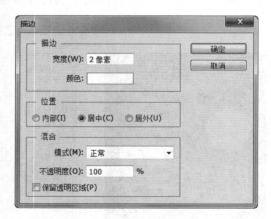

图 10-103 "描边"对话框

（7）单击"确定"按钮，完成描边操作，得到白色边框图像，如图 10-104 所示。

（8）选择横排文字工具，在矩形中输入文字"快味鲜"，在属性栏中设置字体为方正正黑简体，填充为白色。再在矩形上方输入一行英文，设置为黑体，同样填充为白色，如图 10-105 所示。

（9）在画面右下方输入地址和电话等文字信息，在属性栏中设置字体为方正正黑简体，填充为白色，适当调整文字大小，如图 10-106 所示，完成本实例的制作。

图 10-104 描边图像

图 10-105 输入文字

图 10-106 完成效果

10.4 促销 DM 单设计

本例制作一个甜品店圣诞节促销活动的 DM 宣传单,这个设计主要是针对圣诞节活动做的,所以在色彩上以喜庆的红色为主。打开"促销 DM 单.psd"图像文件,查看本例的最终效果,如图 10-107 所示。

素材	\素材\第 10 章\10.4\彩带.psd、点心.psd、花纹.psd、圣诞图案.psd、五星.psd 等
效果	\效果\第 10 章\10.4\促销 DM 单.psd
视频教学	\视频\第 10 章\10.4\促销 DM 单设计.mp4

操作要点:

将其分为三个主要部分进行绘制,绘制内容依次为广告背景、文字效果和设计美化效果。在制作"圣诞快乐"文字效果的过程中,需要将文字转换为路径进行编辑,然后再填充,并通过添加图案完成文字效果的制作。

图 10-107 圣诞促销 DM 单

10.4.1 制作背景效果

(1)新建一个图像文件,设置文件名称为"圣诞促销 DM 单",设置宽度为 11.35 厘米,高度为 18 厘米、分辨率为 150,然后单击"确定"按钮,如图 10-108 所示。

(2)选择渐变工具,在属性栏中单击"径向渐变"按钮,然后单击渐变色条,打开"渐变编辑器"对话框,设置渐变颜色从红色(R223,G5,B21)到深红色(R127,G1,B7),然后单击"确定"按钮,如图 10-109 所示。

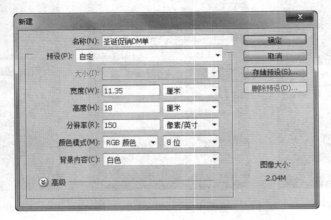

图 10-108　设置新建参数

图 10-109　设置渐变参数

　　(3)在图像中从中间向外拖动鼠标进行径向渐变填充,效果如图 10-110 所示。

　　(4)打开"花纹.psd"素材图像,使用移动工具将图像移动到当前编辑的图像中,放到图像右上方,如图 10-111 所示。

　　(5)按 Ctrl+J 键复制一次图像,然后选择"编辑"→"变换"→"水平翻转"命令将图像翻转,如图 10-112 所示。

　　(6)选择"编辑"→"变换"→"垂直翻转"命令将图像翻转,然后适当调整图像大小,将翻转后的图像放到图像左下方,如图 10-113 所示。

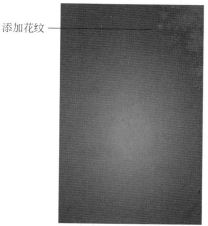

添加花纹

图 10-110 渐变填充背景   图 10-111 添加花纹图像

翻译花纹

图 10-112 水平翻转花纹   图 10-113 垂直翻转花纹

10.4.2 制作文字效果

（1）选择横排文字工具，单击属性栏中的"切换字符和段落面板"按钮，打开"字符"面板，设置字体为方正行楷繁体，然后再设置字号等各选项参数，如图 10-114 所示。

（2）在图像上方输入文字"圣诞快乐"，效果如图 10-115 所示。

（3）选择"类型"→"创建工作路径"命令，得到文字路径如图 10-116 所示。

（4）隐藏文字图层，使用钢笔工具对创建的文字路径进行编辑，得到图 10-117 所示的路径效果。

（5）按 Ctrl＋Enter 键将路径转换为选区，再将选区填充为黑色。

（6）打开"文字花纹.psd"素材图像，使用移动工具分别将花纹拖曳到当前编辑的图像中，放到文字图像两侧，与文字结合在一起，如图 10-118 所示。

图 10-114　设置文字参数

图 10-115　输入文字

图 10-116　将文字转换为路径

图 10-117　编辑文字路径

（7）按住 Ctrl 键选择花纹和文字结合在一起的图像图层，按 Ctrl＋E 键合并图层，并改名为"文字"，如图 10-119 所示。

图 10-118　添加花纹图像

图 10-119　合并图层并命名

（8）按住 Ctrl 键单击文字图层，载入图像选区。

（9）选择渐变工具，单击属性栏中的渐变色条，打开"渐变编辑器"对话框，选择"橙，黄，橙"渐变颜色，单击"确定"按钮，如图 10-120 所示。

（10）在选区中从左上方向右下方拖动鼠标，对文字选区进行渐变填充，效果如图 10-121 所示。

（11）选择"图层"→"图层样式"→"描边"命令，打开"图层样式"对话框。设置描边颜色为黑色，"大小"为 2，其他参数设置如图 10-122 所示，单击"确定"按钮，得到文字描边效果如图 10-123 所示。

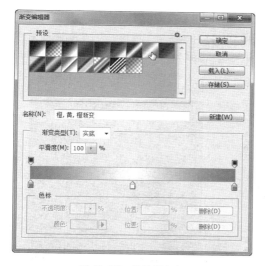

图 10-120　设置渐变色

图 10-121　填充选区

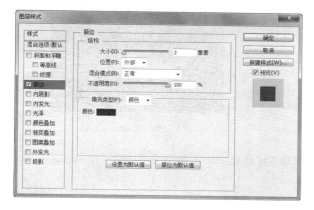

图 10-122　设置图层样式

图 10-123　文字描边效果

（12）打开"圣诞图案.psd"素材图像，使用移动工具分别将其中的素材图像拖曳到当前编辑的图像中，并将图案图层放在文字图层上方，如图 10-124 所示，然后调整其大小，放到文字两侧，效果如图 10-125 所示。

图 10-124　调整图层

图 10-125　添加圣诞图案

（13）新建一个图层，设置前景色为白色。

（14）选择画笔工具，在属性栏中单击按钮，打开"画笔"面板，选择画笔样式为"星形"，再设置画笔"大小"和"间距"等参数，如图 10-126 所示。

（15）选择"形状动态"选项，设置"大小抖动"参数为 100%，如图 10-127 所示。

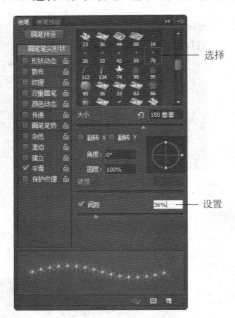

图 10-126　选择画笔样式

图 10-127　设置大小抖动

（16）选择"散布"选项，然后选择"两轴"复选框，设置参数为 1000%，再设置各项参数，如图 10-128 所示。

（17）在文字下方拖动鼠标绘制出白色星光图像，如图 10-129 所示。

图 10-128　设置散布参数

图 10-129　绘制星光图像

（18）选择横排文字工具，在"圣诞快乐"下方按住鼠标左键拖动，绘制出一个文本框，输入一段说明性文字。然后分别选择一段文字，调整文字大小，并在属性栏中设置合适的字体，填充为白色，效果如图 10-130 所示。

（19）在段落文字右下角再输入一行解释权说明性文字。在属性栏中设置字体为黑体，颜色为白色，如图 10-131 所示。

图 10-130 输入并调整文字

图 10-131 输入解释权文字

（20）选择横排文字工具，在图像右上方输入两行文字，并适当调整文字大小，填充颜色为白色，如图 10-132 所示。

（21）新建一个图层，放在前面创建的文字层下方。然后选择工具箱中的椭圆选框工具，参照图 10-133 所示的效果绘制一个椭圆选区并填充为淡红色。

图 10-132 输入文字

图 10-133 绘制椭圆形

10.4.3 美化设计效果

（1）打开"彩带.psd"素材图像，使用移动工具将其拖曳到当前编辑的图像中，并适当调整图像的大小和位置，如图 10-134 所示。

（2）选择移动工具，按住 Ctrl 键移动复制图像，然后选择"编辑"→"变换"→"旋转180 度"命令，再将旋转后的图像放到图像左上方，如图 10-135 所示。

（3）参照图 10-136 所示的效果，分别将"五星.psd"、"点心.psd"、"圣诞树.psd"文件中的素材图像添加到当前编辑的图像中。

（4）选择横排文字工具，在图像下方输入英文，然后将文字填充为橘红色，如图 10-137 所示。

图 10-134　添加彩带图像

图 10-135　复制并旋转彩带

图 10-136　添加素材图像

图 10-137　输入英文

（5）选择"图层"→"图层样式"→"描边"命令，打开"图层样式"对话框，设置描边颜色为白色，再设置各项参数，如图 10-138 所示。单击"确定"按钮，得到图 10-139 所示的文字描边效果，完成本例的制作。

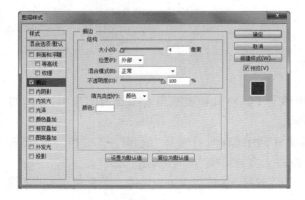

图 10-138　设置图层样式

图 10-139　文字描边效果

10.5 知识拓展

本章主要讲解了 Photoshop 在平面设计中的案例应用。为了加深掌握本章的知识，下面介绍平面设计的相关知识。

10.5.1 报刊广告设计

报刊广告设计是平面设计中最常见的设计内容，这里介绍一下报刊广告的特性和报刊广告创意理论。

1. 报刊广告设计的特征

由于报刊广告面积小，所以在设计中更要注意文字的精炼，每次广告宣传一个中心，造成比较强的视觉冲击力。除此之外，因为纸张的质量相对而言不是很好，为了保证印刷质量，宜采用网点较粗的方法进行印刷，以取得黑白分明的效果。对于层次丰富、细腻的摄影照片，可通过复印机多次复印，以减少中间的灰色层次；对于彩色印刷，为了让色彩在灰色纸上达到较佳的效果，需提高色彩纯度，增加鲜明度，以达到鲜艳夺目的效果；对于连续刊登的广告，要注意连贯性，充分发挥报刊广告的特点。

报刊广告设计有以下几个特征：

- 广泛性。报刊种类多，发行面广、阅读群体多，所以报刊上既可刊登生产资料类的广告，也可以刊登生活资料的广告；既可刊登医药滋补类广告，也可以刊登文化艺术类广告等。可用黑白广告，也可套红和彩印，内容形式很丰富。

- 快速性。报刊的印刷和销售速度非常快。第一天的设计稿第二天就能见报，并且不管是寒冬酷暑还是刮风下雨都能送到读者手中，所以适合于时间性强的新产品广告和快件广告，诸如展销、展览、劳务、庆祝、航运、通知等。

- 针对性。根据报刊广告的特点，发挥广告艺术的表现性，做到针对性强、形象突出、有利于仔细欣赏和阅读。报刊具有广泛性和快速性的特点，因此广告要针对具体的情况利用时间、不同类型的报刊和结合不同的报刊内容将信息传递出去。比如商品广告，一般应放在生产和销售的旺期之前，而不是冬天进行凉鞋、裙子广告，夏天进行大衣、羽绒被宣传，应把眼前，乃至当天就要发生的事刊登出来。对于专业性强的信息，也应选择有关专业性的报刊，减少不必要的浪费。在选定了报刊后，要结合报刊的具体版面，巧妙地和报刊内容结合在一起，如体育用品广告利用体育版专栏。

- 连续性。正因为报刊每日发行，具有连续性，所以报刊广告利用这一点可发挥重复性和渐变性，吸引读者加深印象。

- 经济性。由于报刊本身的新闻报道、学术研究、文化生活、市场信息具有吸引力，为广告引来了读者，所以报刊广告要在文字的海洋中形成个性，让读者的目光多停留一会儿，从中得到信息和美感。报刊广告表现方法可根据情况采用图形和文字，而运用黑白构成的设计无疑会相对方便且经济。根据报刊广告的特点，发挥广告艺术的表现性,做到针对性强、形象突出及有利于仔细欣赏和阅读。

- 突出性。选择报刊头版的"报眼"、刊登在读者关心的栏目边都会引起读者的关注。另外,利用定位设计的原理,强调主体形象的商标、标志,标题和图形的面积对比和明度对比,运用大的标题,或以色块衬托、线条陪托,甚至可采用套红的手法加强,主体图形的生动形象,模特儿与读者交流的目光,画面大面积的空白,线条的区分,都会与版面上的其他文章和广告形成比较,以争得自己的形象。

- 权威性。消息准确可靠是报刊获得信誉的重要条件。大多数报刊历史长久,且由党政机关部门主办,在群众中素有影响和威信。因此,在报刊上刊登的广告往往使消费者产生信任感。

- 高认知性。报刊广告多数以文字符号为主,要了解广告内容,要求读者在阅读时集中精力,排除其他干扰。一般而言,除非广告信息与读者有密切的关系,否则读者在主观上是不会为阅读广告花费很多精力的。读者的这种惰性心理往往会减少他们详细阅读广告文案内容的可能性。换句话说,报刊读者的广告阅读程度一般是比较低的。不过当读者愿意阅读时,他们对广告内容的了解就会比较全面、彻底。

2. 报刊广告创意理论

报刊广告设计主要体现在房地产类,国际、国内品牌上,对于告知性广告、新品上市广告,报刊有其独到的优势,而设计新颖的报刊广告必然会引起读者的广泛关注。对于报刊广告设计的服务主要体现在为企业或品牌做整合推广时,针对性的创意设计、目标性强的报刊媒体投放、灵活的版面选择、时事新闻跟踪的软性文章、广告效果的评估反馈等。

报刊广告创意设计原则如下:

(1) 报刊广告创意设计应充分发挥报刊广告在市场渗透力上的长处,充分发挥报刊广告设计制作成本较低、较简便容易、发布灵活的特点。在维护整体形象的前提下,应根据市场发展的需要及时改变具体设计和具体内容,使报刊广告更具体、更有针对性。

(2) 报刊广告创意设计要遵循一般平面广告创意设计的基本规律创意,设计应从报刊版面的整个环境来考虑如何提高其视觉冲击力,提高其注目率。由于报刊广告在版面上常是多个广告并置发布的,因此各广告间的相互干扰会降低人们的注目率。

报刊广告要从版面上凸现出来,就需要弄清自己的发布环境,根据版面的情况来决定自己的设计。报刊广告常用来提高注目率的手法有如下几种:

① 内容新鲜及时,富有震撼力,并与对象贴近等,可以采取对比强烈的表现形式。

② 尽量采用特大字号来突显内容,造成视觉冲击力。可以用简洁的广告语把主题表达得淋漓尽致,以脱俗的画面形式与表达手法给人以最深印象,如图 10-140 所示。

③ 以新颖、富有创意的发布形式来吸引注意,扩大影响,如图 10-141 所示。

④ 广告的版面四周留出大量空白或广告的底印成黑色,如图 10-142 所示。

(3) 在强调报刊广告视觉冲击力中,设计提倡视觉效果,图像设计优先的同时不应忘记报刊广告自身的原理和诉求的特点。要注重广告文稿的创意写作,不要随意将文稿删掉。在一些以图为主的报刊广告设计中,可以将文稿用较小的字号编排,将其当作色块、线条等装饰手段来处理,让想进一步了解广告信息的受众自己慢慢地阅读。

图 10-140　突显内容　　　　图 10-141　富有创意　　　　图 10-142　底印成黑色

（4）由于人们读报时间极短,常常是走马观花,一阅而过,而报刊的时效性特强,故创意设计时应力求做到诉求重点的单纯和明了,最好能一个广告一个诉求,表现形式也应尽可能简洁单纯,决不可故弄玄虚或过于繁复,而让阅读者一时摸不着头脑,难以即刻了解其意图。

10.5.2　DM 宣传单设计

在进行 DM 单广告设计创作之前,本节先介绍一下 DM 单广告设计的基础知识,包括 DM 宣传单的特性和设计要点。

1. DM 宣传单的特性

DM 宣传单是目前宣传企业形象的推广手段之一,它能非常有效地将企业形象提升到一个新的层次,更好地将企业的产品和服务展示给大众,能非常详细地说明产品的功能、用途及其优点(与其他产品不同之处),诠释企业的文化理念,所以宣传单已经成为企业必不可少的企业形象宣传工具之一。图 10-143 所示为企业产品 DM 宣传单。

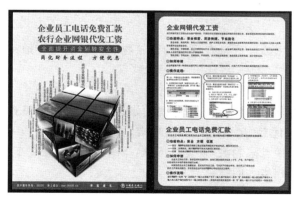

图 10-143　企业 DM 单

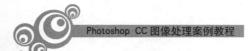

DM 宣传单具有以下几种特性：

- 针对性。DM 广告直接将广告信息传递给真正的受众，具有强烈的选择性和针对性，其他媒介只能将广告信息笼统地传递给所有受众。
- 广告持续时间长。一个 30s 的电视广告，它的信息在 30s 后荡然无存。DM 广告则明显不同，在受传者做出最后决定之前可以反复翻阅直邮广告信息，并以此作为参照物来详尽了解产品的各项性能指标，直到最后做出购买或舍弃决定。
- 具有较强的灵活性。不同于报纸杂志广告，DM 广告的广告主可以根据自身的具体情况来任意选择版面大小，并自行确定广告信息的长短及选择全色或单色的印刷形式，广告主只考虑邮政部门的有关规定及广告主自身广告预算规模的大小。除此之外，广告主可以随心所欲地制作出各种各样的 DM 广告。
- 能产生良好的广告效应。DM 广告是由广告主直接寄送给个人的，故而广告主在付诸实际行动之前，可以参照人口统计因素和地理区域因素选择受阅对象，以保证最大限度地使广告信息为受阅对象所接受。

2. DM 宣传单的设计要点

DM 宣传单不同于其他传统广告媒体，它可以有针对性地选择目标对象，有的放矢，减少浪费。而且还能对事先选定的对象直接实施广告，广告接受者容易产生其他传统媒体无法比拟的优越感，使其更自主关注产品。DM 宣传单的设计要点如下：

（1）DM 设计与创意要新颖别致，制作精美，内容设计要让人不舍得丢弃，确保其有吸引力和保存价值。

（2）主题口号一定要响亮，要能抓住消费者的眼球。好的标题是成功的一半，好的标题不仅能给人耳目一新的感觉，而且还会产生较强的诱惑力，引发读者的好奇心，吸引他们不由自主地看下去，使 DM 广告的广告效果最大化。

（3）纸张、规格的选取大有讲究。一般画面选铜版纸；文字信息类选新闻纸，打报纸的擦边球。对于选新闻纸的，一般规格最好是报纸的一个整版面积，至少也要一个半版。彩页类一般不能小于 B5 纸，太小了不行，一些二折、三折页更不要夹，因为读者拿报纸时很容易将它们抖掉。

10.5.3　户外广告设计

户外广告是指利用公共或自有场地的建筑物、空间，利用交通工具等形式进行设置、悬挂、张贴的广告。

1. 户外广告设计特点

户外广告作为与影视、平面、广播并列的媒体，有其鲜明的特性。相比于其他媒体，它在时间上拥有绝对优势——发布持续、稳定，不像电视、广播一闪即逝；但它在空间上处于劣势——受区域视觉限制大，视觉范围窄，不过候车亭、公交车等网络化分布的媒体已经将这种缺憾做了相当大的弥补。

- 到达率高。通过策略性的媒介安排和分布，户外广告能创造出理想的到达率。调查显示，户外媒体的到达率目前仅次于电视媒体，位居第二。
- 视觉冲击力强。在公共场所树立巨型广告牌这一古老方式历经千年的实践，表明其在传递信息、扩大影响方面的有效性。一块设立在黄金地段的巨型广告牌是任何想建立持久品牌形象的公司的必争之物，它的直接、简捷足以迷倒全世界的大广告商。

- 发布时段长。许多户外媒体是持久地、全天候发布的。它们每天 24 小时、每周 7 天地伫立在那儿，这一特点令其更容易为受众见到，都可方便地看到它，所以它随客户的需求而长期存在。

- 成本低。户外媒体可能是最物有所值的大众媒体了。它的价格虽各有不同，但它的千人成本（即每一千个受众所需的媒体费）与其他媒体相比却很低，而客户最终更是看中千人成本。

- 城市覆盖率高。在某个城市结合目标人群，正确地选择发布地点及使用正确的户外媒体，可以在理想的范围接触到多个层面的人群，广告就可以和受众的生活节奏配合得非常好。

2. 户外广告的设计形式

霓虹灯、路牌、灯箱是户外广告的三种主要形式，也是迅速提高企业知名度、展示企业形象的有力途径，如图 10-144～图 10-146 所示。

图 10-144　霓虹灯效果　　　　　图 10-145　路牌效果　　　　　图 10-146　灯箱效果

3. 户外广告文案艺术

广告文案艺术的灵魂是产品，它的作用在于形象地刻画产品的个性（或调性），感染消费者的情感，增加消费者对产品的亲和力，诱导消费者产生购买行为。

广告文字凝聚了人类的精神和思维，形象反映广告的内涵，它是不同于音乐、舞蹈的另一种艺术形式，是商品艺术和人性化的承载工具。可以说，没有人性情感的广告文案就如没有血肉的骷髅，拒人于千里之外。

广告文案感染力是一门难以捉摸的艺术，它与目标消费人群的需要有着千丝万缕的联系，怎样用感人的文案去吸引消费者，发挥文字的销售魅力，值得每个广告人用心去推敲。

感染情感的手段主要有以下几种方式：

- 以情感人。直接抒情、含蓄婉转，或者朴实自然、情挚理真，或曲意道来、委婉动人。

- 以理示人。文稿之中蕴涵哲理或深意，有的言简意赅，语短情长；有的启人深思，暗寓禅机。例如，科技以人为本，科技以健康为美。钻石恒久远，一颗永流传。

- 以势服人。广告文案中充满自信、强劲、雄浑之气，慷慨之语，劲健中有新奇，豪迈

处有惊喜,激荡人心。

10.5.4　海报宣传设计

在进行海报广告设计创作之前,本节先介绍一下海报广告设计的基础知识,包括报刊广告的特性和报刊广告创意理论。

1. 海报的特点

海报与广告一样,具有向群众介绍某一物体、事件的特性,所以海报又是广告的一种。但海报具有在放映或演出场所、街头广以张贴的特性,加以美术设计的海报又是电影、戏剧、体育宣传画的一种。

通常而言,海报包括广告宣传性和商业性两大特点。

- 广告宣传性。海报希望社会各界的参与,它是广告的一种。有的海报加以美术的设计,以吸引更多的人加入活动。海报可以在媒体上刊登、播放,但大部分是张贴于人们易于见到的地方。其广告性色彩极其浓厚。
- 商业性。海报是为某项活动作的前期广告和宣传,其目的是让人们参与其中。演出类海报占海报中的大部分,而演出类广告又往往着眼于商业性目的。当然,学术报告类的海报一般是不具有商业性的。

2. 海报设计的常用表现技法

一幅海报作品本身必须能激发观众的兴趣及注意力。即使是最简单的图片及文字,如果设计不当都会让人不知所云。

下面介绍海报设计中的常用表现技法,主要有如下几点:

- 富于幽默法。幽默法是指广告作品中巧妙地再现喜剧性特征,抓住生活现象中局部性的东西,通过人们的性格、外貌和举止的某些可笑的特征表现出来。
- 借用比喻法。比喻法是指在设计过程中选择两个在本质上各不相同,而在某些方面又有些相似性的事物,以此物喻彼物,比喻的事物与主题没有直接的关系,但是某一点上与主题的某些特征有相似之处,因而可以借题发挥,进行延伸转化,获得婉转曲达的艺术效果,如图 10-147 所示。
- 以小见大法。在广告设计中对立体形象进行强调、取舍、浓缩,以独到的想象抓住一点或一个局部加以集中描写或延伸放大,以更充分地表达主题思想。这种艺术处理以一点观全面,以小见大,从不全到全的表现手法给设计者带来了很大的灵活性和无限的表现力,同时为接受者提供了广阔的想象空间,获得生动的情趣和丰富的联想,如图 10-148 所示。
- 联想法。在审美的过程中通过丰富的联想,能突破时空的界限,扩大艺术形象的容量,加深画面的意境。
- 直接展示法。这是一种最常见的运用十分广泛的表现手法。它将某产品或主题直接如实地展示在广告版面上,充分运用摄影或绘画等技巧的写实表现能力,细致刻画和着力渲染产品的质感、形态和功能用途,将产品精美的质地引人入胜地呈现出来,使消费者对所宣传的产品产生一种亲切感和信任感,如图 10-149 所示。

图 10-147 借用比喻法

图 10-148 以小见大法

- 谐趣模仿法。这是一种创意的引喻手法,别有意味地采用以新换旧的借名方式,把世间一般大众所熟悉的名画等艺术品和社会名流等作为谐趣的图像,经过巧妙的整形履行,使名画名人产生谐趣感,给消费者一种崭新奇特的视觉印象和轻松愉快的趣味性,以其异常、神秘感提高广告的诉求效果,增加产品身价和注目度。这种表现手法将广告的说服力寓于一种近乎漫画化的诙谐情趣中,使人赞叹,令人发笑,让人过目不忘,留下饶有奇趣的回味,如图 10-150 所示。

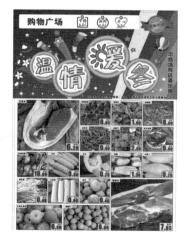

图 10-149 超市宣传海报

图 10-150 公益广告

10.6 课后练习

本章主要讲解了 Photoshop 的综合应用。下面通过相关的实例练习,加深巩固所学的知识。

课后练习 1——制作咖啡广告

素材	\素材\第 10 章\咖啡背景.jpg、咖啡标志.psd、咖啡豆.psd、咖啡杯.psd
效果	\效果\第 10 章\咖啡广告.dwg

结合本章所学知识,添加多个素材图像,使用移动工具将其放置到合适的位置,然后使用画笔工具绘制出烟雾图像,得到咖啡广告,效果如图 10-151 所示。

图 10-151　制作咖啡广告

本实例的步骤分解如图 10-152 所示。

图 10-152　实例操作思路

操作提示:

(1) 打开素材图像"咖啡背景.jpg",分别在图像中添加"咖啡豆.psd"和"咖啡杯.psd"素材图像。

(2) 使用钢笔工具绘制出不规则图形,将其转换为选区后,使用画笔工具对其应用不

同深浅的咖啡色填充,得到香浓咖啡水渍图像。

　　（3）在图像中添加文字,并适当做文字变形编辑。

　　（4）打开素材图像"咖啡标志.psd",使用移动工具将其拖曳过来,放到画面左上方。

课后练习 2——制作美鞋广告

素材	\素材\第 10 章\花瓣鞋.psd、卡通人.psd、绿色背景.jpg
效果	\效果\第 10 章\美鞋广告.psd

　　结合本章所学知识,在绿色背景中使用钢笔工具绘制出曲线图像,然后添加美鞋,并使用文字工具输入文字,排列成图 10-153 所示的形式。

图 10-153　制作美鞋广告

　　本实例的步骤分解如图 10-154 所示。

图 10-154　实例操作思路

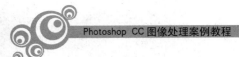

操作提示：

（1）打开素材图像"绿色背景.jpg"，使用钢笔工具在图像右下方绘制曲线图形。

（2）将路径转换为曲线，填充为不同深浅的绿色和白色。

（3）添加素材图像"花瓣鞋.psd"，适当调整图像大小，放到画面下方。

（4）使用横排文字工具在图像左上方输入文字，并适当调整文字大小。

（5）为部分文字添加绿色渐变填充，然后添加"描边"图层样式。

（6）使用横排文字工具输入标志文字，并填充每个字符为不同的颜色，得到彩色标志效果。